BIBLIOTHÈQUE

# DES ÉCOLES.

ÉLÉMENTS

# D'ARITHMÉTIQUE

PAR M. MARCHAND,

Professeur à l'Athénée royal de Bruxelles.

BRUXELLES.
Rue de la Montagne, 51.

H. TARLIER,
éditeur.

# ÉLÉMENTS

# D'ARITHMÉTIQUE

POUR

## LES ÉCOLES PRIMAIRES.

Par A. L. Marchand,

ancien Professeur à l'Athenée royale de Bruxelles.

BRUXELLES.

BUREAU, RUE DE LA MONTAGNE, 51.

1er OCTOBRE 1852.

# NOTE DE L'AUTEUR.

J'ai toujours regardé comme infiniment préjudiciable aux élèves qui commencent l'arithmétique, l'usage où l'on est de les faire d'abord calculer sans qu'ils se rendent compte de ce qu'ils font; et l'on apporterait certainement une grande amélioration à l'enseignement primaire en le tirant, à cet égard, de l'ornière où le fait rouler une déplorable routine. Outre le grave inconvénient d'étouffer l'intelligence des élèves, on les accoutume ainsi à se contenter de mots, à suivre machinalement, sans réfléchir, sans discernement, l'impulsion qu'on leur donne; et plus tard on éprouve les plus grandes difficultés, des difficultés presque insurmontables, lorsqu'il devient nécessaire de leur faire appliquer le raisonnement aux opérations qu'ils exécutent. Aussi voit-on généralement les élèves qui passent des examens sur les mathématiques, répondre plus mal sur l'arithmétique que sur les autres branches.

D'un autre côté, on court le danger de fatiguer, de rebuter de jeunes intelligences, en leur présentant, dès l'abord, toutes les théories qui doivent se trouver dans un traité complet d'arithmétique.

Chargé, pendant plusieurs années, du cours élémentaire d'arithmétique à l'ÉCOLE CENTRALE DE COMMERCE ET D'INDUSTRIE de Bruxelles, j'ai cherché à éviter ce double écueil dans les leçons dont ce petit ouvrage est le résumé. Je me suis appliqué à montrer comment les méthodes de calcul sont déduites du but que l'on se propose d'atteindre, en me bornant à établir les principes généraux qui leur servent de base. Je crois pouvoir affirmer, d'après ma propre expérience, que les raisonnements dont je me suis servi ne dépassent pas la portée de l'intelligence des plus jeunes élèves; pourvu qu'on ne se hâte pas, comme cela n'a lieu que trop souvent, de les faire arriver aux *règles de trois et de société*, ces colonnes d'Hercule des instituteurs routiniers, mais que l'on avance avec une sage lenteur, en s'assurant, lorsqu'on trouve un renvoi, que les élèves n'ont pas perdu de vue le principe sur lequel on s'appuie.

Je n'ai point placé, comme on le fait quelquefois, à la fin de chaque chapitre, un certain nombre de problèmes à résoudre; parce que ce nombre serait nécessairement très restreint, tandis qu'on ne saurait trop multiplier cet exercice. C'est l'instituteur qui doit les choisir suivant qu'il remarque chez ses élèves le besoin d'être exercés sur une partie plutôt que sur une autre. Il existe d'ailleurs de fort bons recueils de questions, dont il peut s'aider à cet égard.

Je me suis également abstenu de placer, à la suite de chaque chapitre, une série de demandes arrangées, la plupart du temps, de manière à appeler pour réponse les propres expressions du livre. Ce genre d'enseignement m'a toujours semblé devoir être réservé pour les perroquets; c'est habituer l'élève à proférer machinalement des sons, comme un piano rend celui qui répond à la touche que l'on a frappée. Bien loin de là, je pense que le maître doit, au contraire, varier la forme de ses interrogations, de manière à s'assurer que l'élève a bien saisi le sens de la phrase, et non pas retenu seulement des consonnances de mots.

MARCHAND

# ÉLÉMENTS D'ARITHMÉTIQUE.

## CHAPITRE PREMIER.

### INTRODUCTION.

1. Si je veux faire connaître à une personne la longueur d'une table, par exemple, je puis y parvenir de deux manières : 1° en montrant à cette personne un cordon de même longueur que la table; c'est ce qu'on appelle faire connaître cette longueur d'une manière *absolue*, c'est-à-dire par elle-même; 2° en remettant à la personne un cordon d'une longueur quelconque, et lui disant en même temps combien il faut placer de cordons de cette longueur les uns à la suite des autres, pour faire une longueur égale à celle de la table dont il s'agit; c'est ce qu'on appelle faire connaître la longueur d'une manière *relative*, c'est-à-dire par comparaison avec une autre longueur qui prend alors le nom de *mesure*.

2. Pour faire connaître une longueur par ce dernier procédé, on peut prendre pour *mesure* une longueur quelconque; mais il faut nécessairement que cette mesure soit donnée. Le moyen le plus simple d'y parvenir, c'est de la déterminer d'avance par convention, et de lui donner un nom qu'il suffit alors de prononcer. Tels sont le *mètre*, l'*aune*, le *pied*, etc.

3. Une mesure ainsi déterminée d'avance prend le nom d'*unité*. Le *mètre*, l'*aune*, le *pied*, sont donc des *unités de longueur*.

4. On peut également faire connaître le poids d'un corps en énonçant combien il faut réunir de *kilogrammes*, ou de

*livres*, ou d'*onces*, pour former un poids égal à celui de ce corps; le *kilogramme*, la *livre*, l'*once*, sont par conséquent des *unités de poids*. On fait connaître un espace de temps, en disant combien il renferme de *jours*, d'*heures*, de *semaines*, d'*années*; le *jour*, l'*heure*, la *semaine*, l'*année*, sont des *unités de temps*. On exprime la valeur d'un objet en disant combien il faut réunir de *francs*, de *centimes*, de *florins*, de *sous*, pour obtenir une valeur égale à celle de cet objet; le *franc*, le *centime*, le *florin*, le *sou*, sont des *unités de valeur*.

5. La *longueur*, le *poids*, le *temps*, la *valeur*, sont ce qu'on appelle des *quantités;* et en général on donne ce nom de *quantité* à tout ce qu'on peut faire connaître ainsi à l'aide d'une *mesure*.

6. Pour être en état de faire connaître une quantité au moyen d'une unité de son espèce, il faut la comparer avec cette unité; cette opération s'appelle *mesurer* la quantité. C'est ainsi que pour faire connaître la *longueur* d'une pièce d'étoffe, on la compare à celle du mètre ou de l'aune.

7. Cette comparaison d'une quantité à l'unité de son espèce peut conduire à trois résultats différents :

1° On peut trouver que la quantité est égale à l'unité, ou à plusieurs unités réunies; dans ce cas on dit qu'elle est exprimée par *un nombre entier;*

2° La quantité peut être égale seulement à une portion de l'unité; alors on dit qu'elle est exprimée par *une fraction;*

3° Enfin on peut trouver que la quantité est égale à une ou à plusieurs unités augmentées d'une portion de l'unité; on dit alors qu'elle est exprimée par *un nombre fraction-naire*.

8. Un *nombre* est donc le résultat de la comparaison que l'on fait d'une quantité avec l'unité de son espèce, pour la faire connaître au moyen de cette unité.

9. Un *nombre entier* est l'unité elle-même, ou la réunion de plusieurs unités.

10. Une *fraction* est une portion de l'unité.

11. Un *nombre fractionnaire* est la réunion d'un nombre entier et d'une fraction.

**12.** De même que l'on réunit des unités, on peut aussi réunir des individus ou des objets qui, sous un certain point de vue, peuvent être considérés comme semblables; par exemple, des *hommes*, des *arbres*, des *maisons*. On a étendu à ces réunions la dénomination de *nombres*.

**13.** Lorsqu'en énonçant un nombre, on fait connaître l'espèce des *unités* ou des *objets* dont il est formé, on dit que ce nombre est *concret;* si l'on ne désigne pas cette espèce, le nombre est dit *abstrait.*

**14.** L'étude des propriétés des nombres, des divers changements qu'on peut leur faire éprouver, en un mot, de tout ce qui concerne les nombres, est l'objet de l'*arithmétique.*

On nomme *numération* la partie de l'arithmétique qui donne les moyens de *former,* de *nommer* et d'*écrire* les nombres.

Nous commencerons par nous occuper des nombres entiers; nous parlerons ensuite des fractions, puis des nombres fractionnaires.

## CHAPITRE II.

### NOMBRES ENTIERS.

**§ 1.** *Procédés pour former, nommer et écrire les nombres entiers.*

**15.** Pour désigner l'unité, qui est le premier nombre entier, on emploie le mot *un;* en joignant une autre unité à la première, on aura le nombre *deux;* une unité de plus donnera le nombre *trois;* en continuant d'ajouter ainsi une unité à chaque nombre obtenu, on aura successivement des nombres que l'on désigne par les mots *quatre, cinq, six, sept, huit, neuf.* Ces premiers nombres sont compris sous la dénomination d'*unités du premier ordre,* ou simplement d'*unités.*

**16.** Ajoutant une unité à neuf, nous considérerons cette

réunion d'unités du premier ordre comme une unité plus grande ou du *second ordre* que nous nommerons *dizaine,* et nous compterons par *dizaines* comme nous avons compté par unités, en disant : *une dizaine, deux dizaines, rois dizaines, quatre dizaines, cinq dizaines, six dizaines, sept dizaines, huit dizaines, neuf dizaines,* ou pour abréger, *dix, vingt, trente, quarante, cinquante, soixante, soixante-dix* ou *septante, quatre-vingts* ou *octante* (peu usité) *quatre-vingt-dix* ou *nonante.*

17. La réunion d'une dizaine à neuf dizaines, ou *dix dizaines,* sera considérée comme une unité encore plus grande, ou du *troisième ordre,* que nous nommerons *centaine,* et nous compterons par centaines comme nous avons compté par *unités* et par *dizaines,* en disant : *une centaine, deux centaines, . . . . neuf centaines,* ou pour abréger, *cent, deux cents, trois cents, quatre cents, cinq cents, six cents, sept cents, huit cents, neuf cents.*

18. L'ensemble de ces trois ordres d'unités formera ce qu'on appelle la *première classe* ou la *classe des unités.*

19. La réunion de *dix centaines* formera une unité du *quatrième ordre* qui sera le premier ordre d'une seconde classe appelée *classe des mille;* nous la nommerons donc une *unité de mille,* et nous compterons par unités de mille comme nous avons compté par unités de la première classe, en disant, *un mille, deux mille, . . . . . . neuf mille.*

20. La réunion de dix unités de mille formera une unité du *cinquième ordre* que nous nommerons une *dizaine de mille,* et nous compterons par dizaines de mille comme nous avons compté par dizaines d'unités, en disant : *dix mille, vingt mille, . . . . nonante mille.*

21. La réunion de dix dizaines de mille formera une unité du *sixième ordre* que nous nommerons une *centaine de mille,* et nous compterons par centaines de mille comme nous avons compté par centaines d'unités, en disant : *cent mille, deux cent mille, . . . . neuf cent mille.*

22. La réunion de dix centaines de mille formera une unité du *septième ordre,* qui sera une unité du premier ordre d'une *troisième classe* appelée *classe des millions.*

Nous compterons dans la classe des millions comme nous l'avons fait dans la classe des unités et dans celle des mille, c'est-à-dire par unités, en disant : *un million, deux millions, . . . . neuf millions*; puis par dizaines, en disant : *dix millions, vingt millions, . . . . nonante millions;* enfin par centaines, en disant : *cent millions, deux cents millions, . . . . neuf cents millions.*

23. La réunion de dix centaines de millions formera une unité de la *quatrième classe*, appelée *classe des billions* ou *milliards*, dans laquelle nous compterons toujours de même par unités, dizaines et centaines.

24. Remarquons que le mot UNITÉ s'emploie avec trois significations différentes qu'il ne faut pas confondre : pour désigner la classe inférieure, *les* UNITÉS, *les mille, les millions;* pour désigner l'ordre inférieur dans chaque classe, où l'on trouve *les* UNITÉS, *les dizaines et les centaines ;* enfin dans sa signification primitive (3) pour désigner une mesure plus ou moins grande; c'est ainsi que les dizaines sont des UNITÉS du second ordre; les centaines de mille, des UNITÉS du sixième ordre, etc.

25. En résumant ce qui précède, on voit que les nombres sont distribués en plusieurs classes, dont les noms sont : *unités, mille, millions, billions, trillions,* etc.; que chaque classe contient trois ordres appelés : *unités, dizaines, centaines;* que chaque ordre renferme les nombres d'unités *un, deux, trois, quatre, cinq, six, sept, huit, neuf.* On ne peut donc avoir plus de *neuf* unités d'un même ordre; ni plus de *neuf centaines, neuf dizaines et neuf unités* de chaque classe. *Dix* unités d'un ordre font une unité de l'ordre immédiatement supérieur, et *mille* unités d'une classe font une unité de la classe supérieure.

26. Pour énoncer un nombre qui renferme des unités de différents ordres, on énonce séparément, comme si elles étaient seules, les unités de chaque ordre. Ainsi la réunion de *quatre* centaines, de *six* dizaines et de *trois* unités, s'énoncera : *quatre cent soixante-trois.* Si le nombre contenait des unités de différentes classes, on énoncerait, comme nous venons de le faire, les centaines, les dizaines et les

unités de chaque classe, et on ajouterait le nom de la classe : ainsi, *trois centaines de mille, quatre dizaines de mille, cinq unités de mille, sept centaines d'unités, deux dizaines d'unités, et six unités d'unités,* s'énonceront : *trois cent quarante-cinq mille, sept cent vingt-six unités.* Il faut excepter de cette règle les *six* premiers nombres après *dix* qui s'énoncent : *onze, douze, treize, quatorze, quinze, seize,* au lieu de *dix-un, dix-deux, dix-trois, dix-quatre, dix-cinq, dix-six;* mais les trois suivants : *dix-sept, dix-huit, dix-neuf,* rentrent dans la règle. La même exception s'applique aux *six* premiers nombres après *soixante-dix* et *quatre-vingt-dix.* Ajoutons encore que par analogie on dit communément : *onze cents, douze cents, treize cents, quatorze cents, quinze cents* et *seize cents;* on dit même : *dix-sept cents, dix-huit cents, dix-neuf cents.*

27. *Ecriture des nombres entiers.* Pour écrire les nombres entiers, on a d'abord imaginé neuf caractères, nommés *chiffres,* destinés à représenter les neuf réunions d'unités que l'on peut former (25). Ces caractères sont : 1, 2, 3, 4, 5, 6, 7, 8, 9. Le premier, 1, sert à représenter *une* unité, de quelque ordre qu'elle soit ; le second, 2, représentera la réunion de *deux* unités, quel que soit leur ordre; le troisième, 3, représentera la réunion de *trois* unités d'un ordre quelconque, et ainsi de suite. Ces caractères portent respectivement les mêmes noms que les nombres qu'ils doivent représenter, c'est-à-dire qu'ils se nomment : *un, deux, trois, quatre, cinq, six, sept, huit, neuf.*

28. Il reste à indiquer l'ordre des unités représentées par un chiffre. Pour cela, on est convenu de faire toujours occuper à chaque chiffre une place correspondante à l'ordre de ses unités ; les places se comptent de droite à gauche. Ainsi, lorsqu'un chiffre exprimera des unités du *premier* ordre, on l'écrira au *premier* rang; s'il exprime des unités du *deuxième* ordre, on l'écrira au *deuxième* rang, c'est-à-dire à gauche du premier, et ainsi de suite. Par exemple, pour écrire *quatre cent vingt-sept,* c'est-à-dire *sept* unités du premier ordre, *deux* du deuxième et *quatre* du troisième, j'emploierai les chiffres 7, 2, 4, que

je placerai : le 7, au premier rang; le 2, au deuxième rang; et le 4, au troisième; ce qui donnera 427.

29. Pour indiquer les classes d'unités, il est clair qu'il suffira de séparer les chiffres de trois en trois, en allant de droite à gauche; puisque chaque chiffre correspond à un ordre d'unités, et qu'il faut trois ordres pour une classe. Cette séparation se fait par un petit trait placé en haut des chiffres.

50. Puisque chaque chiffre doit occuper un rang correspondant à l'ordre de ses unités, il faut, lorsque les places inférieures ne sont pas toutes occupées par un chiffre, marquer ces places par un signe particulier; ce signe, 0, se nomme *zéro,* et son emploi est uniquement de marquer les places non occupées. Ainsi pour écrire le nombre *huit cent trois,* composé de *huit* unités du troisième ordre et de *trois* du premier, j'emploierai les chiffres 8 et 3, qu'il faudra placer : le 8, au troisième rang; et le 3, au premier. Le second rang n'étant pas occupé, il faut, pour que le 8 soit au rang qui lui convient, marquer le second rang par un zéro; nous écrirons donc 803.

31. Il est facile de voir qu'en allant de droite à gauche, les unités représentées par les chiffres d'un nombre sont de dix en dix fois plus grandes; et en allant de gauche à droite, de dix en dix fois plus petites.

32. Il résulte de là que si un chiffre passe successivement de la première place à la seconde, de la seconde à la troisième, etc., il acquerra des valeurs de dix en dix fois plus grandes.

33. D'après ce qui a été dit pour abréger l'énoncé d'un nombre (16, 17), les chiffres s'énoncent d'une manière différente, selon qu'ils occupent la première, la seconde ou la troisième place dans une classe. Le tableau suivant indique ces changements.

|  |  | AU 3ᵉ RANG. | AU 2ᵉ RANG. | AU 1ᵉʳ RANG. |
|---|---|---|---|---|
| 1 |  | cent. | dix. | un. |
| 2 |  | deux cents. | vingt. | deux. |
| 3 |  | trois cents. | trente. | trois. |
| 4 |  | quatre cents. | quarante. | quatre. |
| 5 | s'énonce | cinq cents. | cinquante. | cinq. |
| 6 |  | six cents. | soixante. | six. |
| 7 |  | sept cents. | soixante-dix. | sept. |
| 8 |  | huit cents. | quatre-vingts. | huit. |
| 9 |  | neuf cents. | quatre-vingt-dix. | neuf. |

**34.** D'après tout ce qui précède, pour énoncer un nombre écrit en chiffres, on suit cette règle : « Partagez le « nombre en tranches de trois chiffres chacune, en allant « de droite à gauche ; chaque tranche représentera une « classe ; prononcez sur chacune le nom qui lui convient, « en allant de droite à gauche, ce qui vous fera connaître « le nom de chaque tranche ou classe. Alors, commen- « çant par la gauche, énoncez chaque classe comme si elle « était seule, et ajoutez le nom de la classe. Si une classe « ne contenait que des zéros, il faudrait l'omettre dans « l'énoncé. »

**35.** On voit que l'on saura énoncer un nombre quelconque dès que l'on saura énoncer un nombre de trois chiffres ; or, pour cela faire, il suffit de donner à chaque chiffre le nom qui lui convient dans le tableau ci-dessus, d'après le rang qu'il occupe dans la classe où il se trouve. Par exemple, pour énoncer le nombre 47086502004030, je le partage en tranches, à partir de la droite (29), ce qui donne : 47'086'502'004'030 ; puis je nomme chaque tranche de droite à gauche en disant : *unités, mille, millions, billions, trillions ;* énonçant alors chaque classe comme si elle était seule, et ajoutant son nom, je dirai : *quarante-sept trillions, quatre-vingt-six billions, cinq cent deux millions, quatre mille, trente unités.*

**36.** Réciproquement, pour écrire en chiffres un nombre dicté ou écrit en lettres, on suit cette règle : « Ecrivez,

« en commençant par la plus haute classe, chaque classe
« avec trois chiffres, en remplaçant par trois zéros chaque
« classe inférieure qui pourrait manquer ; quand vous
« aurez écrit la classe des unités, le nombre sera écrit. »
On peut, par un motif que nous verrons plus bas (42), ne
pas placer les zéros qui commenceraient la première
tranche à gauche.

37. On voit que tout se réduit à savoir écrire un nombre
moindre que mille avec trois chiffres, ce qui est facile
d'après le tableau ci-dessus. Ainsi, *cinq cent quatre* s'écrira
504 ; *trente-huit* s'écrira 038 ; *quarante* s'écrira 040 ;
*sept* s'écrira 007. Soit proposé d'écrire le nombre : *deux
cent six trillions, quatre billions, vingt mille, cinquante-
trois unités.* Je dirai : la plus haute classe est celle des
*trillions,* il y en a *deux cent six,* j'écris ce nombre avec
trois chiffres, 206 ; la classe suivante est celle des *billions,*
il y en a *quatre,* j'écris ce nombre avec trois chiffres, à la
suite du premier, 206'004 ; la classe qui suit les billions
est celle des *millions,* elle manque, je la remplace par trois
zéros, 206'004'000 ; vient ensuite la classe des *mille,* il y
en a *vingt,* que j'écris avec trois chiffres, 206'004'000'020 ;
vient enfin la classe des *unités* dont le nombre est *cinquante-
trois,* que j'écris avec trois chiffres, 206'004'000'020'055 ;
ce qui termine l'opération.

38. Si l'on place *un zéro* sur la droite d'un nombre entier, par exemple 768, le nombre que l'on obtiendra, 7680,
sera *dix* fois plus grand que le premier, c'est-à-dire en
vaudra dix comme le premier. En effet, par cette opération
chaque chiffre se trouve occuper une place d'un rang plus
à gauche que celle qu'il occupait, et par conséquent il a
acquis une valeur dix fois plus grande (52). Si l'on plaçait
*un second* zéro, le nombre 76800 serait *dix* fois plus grand
que le précédent, et par conséquent *cent* fois plus grand
que le nombre primitif 768 ; un *troisième* zéro rendrait le
nombre *mille* fois plus grand que le premier, et ainsi de
suite.

39. Lorsqu'un nombre est terminé par des zéros, si l'on
supprime *un, deux, trois,* etc., de ces zéros, on obtiendra

un nombre *dix fois, cent fois, mille fois,* etc., plus petit que le premier. C'est une conséquence nécessaire de l'article précédent.

40. Il suit encore de l'article (38) que si l'on veut rendre un nombre entier *dix fois, cent fois,* etc., plus grand, il suffit de placer sur sa droite *un, deux,* etc., zéros. Et de l'article (39) que, si un nombre est terminé par des zéros, pour le rendre *dix fois, cent fois,* etc., plus petit, il suffira de supprimer *un, deux,* etc., des zéros qui le terminent.

41. Si l'on place des zéros sur la gauche d'un nombre entier, ce nombre ne changera pas; car, les places se comptant de droite à gauche, chaque chiffre du nombre conservera sa place, et par conséquent sa valeur.

42. Il suit de l'article précédent que si, par suite d'une opération, on trouvait sur la gauche d'un nombre entier un ou plusieurs zéros, on pourrait les supprimer; et même il faut toujours le faire, parce que ces zéros, étant inutiles, ne feraient qu'embarrasser. Tel est le motif pour lequel, en écrivant en chiffres un nombre entier, on n'écrit pas toujours avec trois chiffres la première tranche à gauche.

### § II. *Opérations de l'arithmétique sur les nombres entiers.*

43. Puisque les nombres entiers sont des réunions d'unités (9), les seuls changements ou *opérations* qu'on puisse leur faire subir sont : 1° de réunir de nouvelles unités à celles qu'ils contiennent déjà ; 2° de séparer quelques unités de celles auxquelles elles sont jointes. Ainsi, les nombres entiers ne sont susceptibles que de deux opérations fondamentales. Cependant, comme, dans certains cas, ces deux opérations doivent s'effectuer d'une manière particulière, on compte en arithmétique quatre opérations principales, que l'on nomme : *addition, soustraction, multiplication* et *division.*

### § III. *Addition des nombres entiers.*

44. L'addition des nombres entiers a pour objet de trou-

ver un seul nombre qui contienne autant d'unités qu'il y en a dans plusieurs nombres donnés. Ce nombre se nomme la *somme* des nombres proposés, ou le *total* de l'addition.

45. Cette opération peut se partager en deux cas : 1° lorsqu'il s'agit d'ajouter deux nombres d'un seul chiffre; 2° lorsqu'il faut ajouter des nombres quelconques.

46. 1ᵉʳ CAS. Pour ajouter un nombre d'un seul chiffre à un autre, il faut ajouter ses unités les unes après les autres, en nommant les nombres d'après la règle donnée dans la numération pour la suite naturelle des nombres. Ainsi, pour ajouter 4 à 7, nous dirons : 7 plus la 1ʳᵉ unité donnent 8, plus la 2ᵉ donnent 9, plus la 3ᵉ donnent 10, plus la 4ᵉ donnent 11. L'exercice fait trouver d'un seul coup ces sortes de nombres. On peut d'ailleurs s'aider de la table suivante :

| 0 | 1 | 2 | 3 | 4 | 5 | 6 | 7 | 8 | 9 |
|---|---|---|---|---|---|---|---|---|---|
| 1 | 2 | 3 | 4 | 5 | 6 | 7 | 8 | 9 | 10 |
| 2 | 3 | 4 | 5 | 6 | 7 | 8 | 9 | 10 | 11 |
| 3 | 4 | 5 | 6 | 7 | 8 | 9 | 10 | 11 | 12 |
| 4 | 5 | 6 | 7 | 8 | 9 | 10 | 11 | 12 | 13 |
| 5 | 6 | 7 | 8 | 9 | 10 | 11 | 12 | 13 | 14 |
| 6 | 7 | 8 | 9 | 10 | 11 | 12 | 13 | 14 | 15 |
| 7 | 8 | 9 | 10 | 11 | 12 | 13 | 14 | 15 | 16 |
| 8 | 9 | 10 | 11 | 12 | 13 | 14 | 15 | 16 | 17 |
| 9 | 10 | 11 | 12 | 13 | 14 | 15 | 16 | 17 | 18 |

Pour s'en servir, on cherchera dans la 1ʳᵉ colonne à gauche l'un des nombres donnés, puis on suivra la ligne qui commence par ce chiffre jusqu'à la rencontre de la colonne qui commence par l'autre; on y trouvera la somme au-dessous de ce dernier. Par exemple, pour avoir la somme de 7 et de 4, nous prendrons la ligne horizontale qui commence par 7, et nous la suivrons jusqu'à la colonne qui commence par 4; à la rencontre nous trouverons 11 qui est la somme des deux nombres.

**47. 2ᵉ CAS.** Soit proposé de trouver la somme des nombres 642,...213,...24. Nous ferons le raisonnement suivant : Le nombre cherché doit contenir autant d'unités qu'il s'en trouve dans ces trois nombres (44) ; or, il est évident que cette condition sera remplie s'il contient autant d'unités de chaque ordre qu'il s'en trouve dans ces nombres réunis ; il suffira donc de chercher combien ces nombres contiennent d'unités de chaque ordre, et chaque somme partielle exprimera combien le nombre cherché doit renfermer d'unités du même ordre, il sera donc aisé de l'écrire. On sent que cette opération deviendra plus facile si l'on place les nombres à ajouter les uns au-dessous des autres, de sorte que les unités d'un même ordre soient dans une même colonne verticale ; parce qu'alors on voit mieux quels sont les chiffres que l'on doit réunir. Ayant donc disposé les nombres de cette manière, et placé un trait au-dessous d'eux pour les séparer du résultat que l'on écrit au-dessous, nous dirons : Le premier nombre contient 2 unités, le second 3, ce qui fait 5 ; le troisième 4, ce qui fait 9 ; les nombres proposés contiennent donc 9 unités ; leur somme devra en contenir le même nombre ; nous écrirons donc 9 pour les unités de la somme, au-dessous de la colonne des unités. Nous dirons ensuite : Le premier nombre renferme 4 dizaines, le second 1, ce qui fait 5 ; le troisième 2, ce qui fait 7 pour les trois nombres ensemble ; la somme aura donc aussi 7 dizaines que nous écrirons à gauche du 9 (28). Enfin, passant à la troisième colonne, nous dirons : 6 centaines du premier nombre et 2 du second font 8 ; et comme le troisième n'en contient pas, les trois nombres ensemble renferment 8 centaines ; ce nombre sera donc celui des centaines de la somme, et nous écrirons 8 à la gauche du 7 (28). La somme sera ainsi 879.

$$\begin{array}{r} 642 \\ 213 \\ 24 \\ \hline 879 \end{array}$$

**48.** Soit proposé d'ajouter les nombres 2382,...3274,... 193. Après avoir placé ces nombres comme nous l'avons dit ci-dessus, nous chercherons combien ils renferment

2382
3274
193
—————
5849

d'unités en disant : 2 et 4 font 6, et 3 font 9 ; ils contiennent donc 9 unités, et nous écrirons 9 pour les unités de la somme. Passant aux dizaines, nous dirons : 8 et 7 font 15, et 9 font 24 ; les nombres pris ensemble renferment donc 24 dizaines ; mais (25) on ne peut avoir plus de 9 unités d'un même ordre, et 24 dizaines font 4 dizaines et 2 centaines ; les nombres proposés, pris ensemble, ne contiennent donc réellement que 4 dizaines, et, par conséquent, leur somme devant en contenir le même nombre, nous écrirons 4 dizaines à la gauche du 9 déjà placé aux unités de la somme. Mais alors il est évident que les nombres, pris ensemble, outre les centaines qui sont marquées dans chacun d'eux, contiennent encore les 2 centaines que nous venons de trouver dans la réunion des dizaines ; nous ajouterons donc ces 2 centaines à celles qui sont dans la troisième colonne, en disant : 2 retenues et 3 font 5, et 2 font 7, et 1 font 8 : les nombres contiennent donc ensemble 8 centaines, et nous écrirons 8 à la gauche du 4, pour les centaines de la somme. Passant aux unités de mille dans la quatrième colonne, nous dirons : 2 et 3 font 5, et nous écrirons 5 à la gauche du 8, pour les unités de mille de la somme qui sera ainsi 5849.

49. Supposons que l'on ait à ajouter les nombres 4368, ...2782,...874. Ayant disposé ces nombres de la manière indiquée, nous dirons : 8 et 2 font 10, et 4 font 14 unités,

4368
2782
874
—————
8024

c'est-à-dire 4 unités et 1 dizaine ; nous écrirons les 4 unités à la somme, et nous reporterons la dizaine à la seconde colonne, en disant : 1 dizaine retenue et 6 font 7, et 8 font 15, et 7 font 22 dizaines, c'est-à-dire 2 dizaines et 2 centaines ; nous écrirons à la somme les 2 dizaines, et nous reporterons les 2 centaines à la troisième colonne en disant : 2 centaines retenues et 3 font 5, et 7 font 12, et 8 font 20 centaines, c'est-à-dire 2 unités de mille et point de centaines ; les nombres proposés, pris ensemble, ne contenant pas de centaines, la somme n'en contiendra pas non plus ; mais, comme, pour conserver à un chiffre dans un nombre le rang qui convient à l'ordre de ses unités, il est nécessaire que toutes les places inférieures soient marquées (30), nous mettrons un zéro pour occuper dans la somme la place des centaines, et nous reporterons les 2 unités de mille à la 4e colonne, en disant : 2 unités retenues et 4 font 6, et 2 font 8 unités de mille que nous écrirons à la gauche du zéro. La somme des trois nombres donnés est donc 8024.

50. En résumant ce qui vient d'être dit dans les trois articles qui précèdent, nous en déduirons cette règle :
« Pour trouver la somme de plusieurs nombres donnés,
« écrivez d'abord ces nombres les uns au-dessous des autres,
« de manière que les unités de chaque ordre se trouvent
« dans une même colonne verticale, et placez un trait au-
« dessous, pour les séparer du résultat. Faites ensuite, en
« commençant par la droite, la somme des unités conte-
« nues dans chaque colonne; lorsque cette somme n'excé-
« dera pas 9, vous l'écrirez sous la colonne qui l'aura
« fournie; lorsqu'elle excédera 9, elle contiendra des uni-
« tés de l'ordre supérieur et, généralement, des unités de
« son ordre; vous écrirez au-dessous de la colonne les
« unités de son ordre, et vous ajouterez ensuite les unités
« de l'ordre supérieur à celles de la colonne suivante; si
« une colonne donnait pour somme un nombre exact
« d'unités de l'ordre supérieur, sans unités de son ordre,
« vous placeriez un zéro sous cette colonne, et vous join-
« driez les unités de l'ordre supérieur à celles du même
« ordre, contenues dans la colonne suivante. »

### § IV. *Soustraction des nombres entiers.*

51. Un sac renferme 523 francs en pièces d'un franc; on demande combien on aurait encore de pièces dans ce sac, après en avoir retiré 157?

L'opération que l'on nomme soustraction donne le moyen de répondre à cette question. Elle a donc pour objet, non pas précisément d'ôter d'un nombre les unités d'un autre, mais de faire connaître combien il resterait d'unités du premier nombre après qu'on en aurait ôté toutes celles du second.

52. Le nombre qu'on obtient pour résultat de cette opération se nomme *le reste* de la soustraction ; on l'appelle encore *l'excès* du plus grand nombre sur l'autre, et *la différence* des deux nombres.

53. La soustraction suppose le plus grand nombre décomposé en deux parties : l'une égale au plus petit nombre, l'autre au reste. Pour retirer 157 francs du sac qui en renferme 523, il faudrait compter 157 pièces que l'on placerait en dehors, et le nombre des pièces laissées dans le sac serait ce que nous venons d'appeler le *reste* de la soustraction. On peut donc dire que *le reste est le nombre qui, ajouté au plus petit des deux nombres donnés, donnerait pour somme le plus grand ; et par conséquent considérer le plus grand nombre comme ayant été formé par l'addition du plus petit nombre et du reste.*

54. La soustraction peut se partager en deux cas : 1° celui où le plus petit nombre et le reste sont tous deux des nombres d'un seul chiffre ; 2° celui où ce sont des nombres quelconques.

55. 1ᵉʳ CAS. Si l'on demandait quel nombre on obtiendrait pour reste en ôtant, par exemple, 3 unités de 7, il faudrait les retrancher les unes après les autres en disant : 7 unités moins la 1ʳᵉ donnent 6 ; moins la 2ᵉ, donnent 5 ; moins la 3ᵉ, donnent 4. L'exercice fait trouver tout d'un coup le reste de ces sortes de soustractions ; mais on peut aussi se servir du tableau que nous avons donné (46). En effet : le plus petit nombre 3, étant un nombre d'un seul chiffre, se trouvera dans la première colonne à gauche ; la ligne horizontale qu'il commence contenant toutes les sommes qu'il peut fournir en l'ajoutant à un nombre d'un seul chiffre, nous y trouverons nécessairement le plus grand nombre 7 ; et, d'après la construction de la table, le nombre 4 placé en tête de la colonne qui passe par 7 sera le reste, puisque c'est le nombre qui ajouté à 3 donne pour somme 7 (53).

56. En considérant ce tableau, on peut remarquer que,

parmi les sommes qu'il contient, il en est beaucoup qui sont composées de deux chiffres, 1 dizaine et un certain nombre d'unités; et dans ce cas le nombre de ces unités est toujours moindre que chacun des deux nombres ajoutés, puisque chacun d'eux étant plus petit que dix, pour en former une dizaine, il faut bien prendre quelques-unes des unités de l'autre.

57. 2ᵉ CAS. Cherchons quel reste on obtiendrait en retranchant 453 de 987. Pour exécuter plus facilement l'opération, on écrit le plus petit nombre sous l'autre, de manière que les chiffres qui expriment des unités de même ordre se correspondent, puis on place un trait au-dessous pour les séparer du résultat. Si nous considérons 987 comme étant (53) la somme de 453 et du reste, les 7 unités de ce nombre auront été obtenues (50) en ajoutant aux 3 unités du plus petit nombre celles du reste; et comme le tableau (46) nous apprend que 4 est le nombre qu'il faut ajouter à 3 pour

$$\begin{array}{r} 987 \\ 453 \\ \hline 534 \end{array}$$

avoir 7, ou, ce qui revient au même, que 3 ôté de 7 il reste 4, nous écrivons 4 pour les unités du reste. De même les 8 dizaines du plus grand nombre provenant de la réunion des 5 dizaines du plus petit et de celles du reste, nous aurons celles-ci en ôtant 5 de 8, ce qui nous donnera pour les dizaines du reste 3, que nous écrirons à gauche du 4 (28). Enfin les 9 centaines du plus grand nombre provenant de la réunion des 4 centaines du plus petit et de celles du reste, nous aurons ces dernières en ôtant 4 de 9, ce qui nous donnera 5 pour les centaines du reste, qui sera ainsi 534. On voit que, pour connaître le nombre des unités de chaque ordre du reste, il a suffi d'ôter les unités de cet ordre dans le plus petit nombre, des unités de même ordre du plus grand.

58. Proposons-nous encore de trouver le reste qu'on obtiendrait en retranchant 4582 de 7836. Après avoir placé les nombres comme ci-dessus, nous dirons : Les 6 unités du plus grand nombre provenant de la réunion des 2 unités du plus petit et de celles du reste, nous ôterons 2 de 6, ce qui nous donnera 4 pour les unités du reste. Les 3 dizaines du plus

$$\begin{array}{r} 7836 \\ 4582 \\ \hline 3254 \end{array}$$

grand nombre proviennent également de la réunion des
8 dizaines du plus petit et de celles du reste ; mais 3 étant
moindre que 8, nous en conclurons (56), et d'ailleurs le tableau (46) le fait voir, que la somme était 3 plus 1 dizaine,
c'est-à-dire 13, et comme 8 ôté de 13 il reste 5, nous écrirons 5 à la gauche du 4 pour les dizaines du reste. Mais la
somme de la colonne des dizaines étant 13, c'est-à-dire 3
unités de son ordre et une de l'ordre supérieur, on a dû (50)
écrire les 3 unités de son ordre, et reporter l'unité de l'ordre
supérieur à la colonne des centaines ; en sorte que les 8 centaines du plus grand nombre ne sont pas seulement la
somme des centaines du plus petit nombre et du reste, mais
contiennent encore la centaine retenue de la colonne des
dizaines ; il faut donc, pour obtenir les centaines du reste,
en retrancher une centaine de plus que les 5 du plus petit
nombre. Nous dirons donc : 5 et 1 centaine de retenue font
6 centaines qui, ôtées de 8, donnent 2 pour les centaines
du reste. Enfin les 7 unités de mille du plus grand nombre
provenant de la réunion des 4 unités de mille du plus petit
et de celles du reste, en ôtant 4 de 7 nous aurons 3 pour
les unités de mille du reste, qui sera ainsi 3254.

59. En résumant ce qui précède, nous en déduirons cette
règle : « Pour trouver le reste de la soustraction de deux
« nombres quelconques, écrivez le plus petit sous le plus
« grand, de manière que les unités du même ordre se cor-
« respondent, et placez un trait au-dessous, pour les séparer
« du résultat. Retranchez ensuite, en commençant par la
« droite, chaque chiffre du plus petit nombre du chiffre de
« même ordre dans le plus grand, ce qui vous donnera le
« chiffre de même ordre du reste. Si un chiffre du plus petit
« nombre est plus fort que le chiffre correspondant du plus
« grand, ajoutez à celui-ci dix unités, ôtez de la somme le
« chiffre du plus petit nombre, puis vous augmenterez
« d'une unité le chiffre suivant du plus petit nombre. Si le
« nombre à retrancher était égal à celui dont on le re-
« tranche, cela indiquerait que le reste ne contient point
« d'unités de l'ordre sur lequel on opère, et alors il faut
« en marquer la place par un zéro. »

2.

60. Nous allons appliquer cette règle à la recherche de la différence des deux nombres : 630010040865 et 370309197293. Nous nous bornerons à exposer l'exécution de l'opération.

$$\begin{array}{r} 630010040865 \\ 370309197293 \\ \hline 259700843572 \end{array}$$

3 de 5 reste 2 ; 9 de 16 reste 7, je retiens 1 ; 1 et 2 font 3, de 8 reste 5 ; 7 de 10 reste 3, je retiens 1 ; 1 et 9 font 10, de 14 reste 4, je retiens 1 ; 1 et 1 font 2, de 10 reste 8, je retiens 1 ; 1 et 9 font 10, de 10 reste 0 et je retiens 1 ; 1 de 1 reste 0 ; 3 de 10 reste 7, je retiens 1 ; 1 de 10 reste 9, je retiens 1 ; 1 et 7 font 8, de 13 reste 5, je retiens 1 ; 1 et 3 font 4, de 6 reste 2.

### § V. *Multiplication des nombres entiers.*

61. Nous avons vu (44) que l'addition des nombres entiers avait pour objet de trouver un seul nombre équivalent à plusieurs nombres entiers donnés. Si tous ces nombres étaient égaux, la somme vaudrait alors l'un d'eux répété autant de fois qu'il y a de nombres. Dans ce cas on détermine cette somme par une autre opération qui se nomme *multiplication ;* le nombre que l'on répète prend le nom de *multiplicande ;* le nombre qui exprime combien de fois il est répété s'appelle *multiplicateur ;* le résultat de l'opération se nomme le *produit* du multiplicande par le multiplicateur, et ces deux nombres sont les *facteurs* du produit.

62. *Les unités du produit sont toujours de même nature que celles du multiplicande ;* puisque le produit n'est que la somme de plusieurs nombres égaux au multiplicande.

63. *Le multiplicateur est essentiellement un nombre abstrait* (13), puisqu'il exprime seulement combien de fois il faut répéter le multiplicande. Quand on demande le prix de 24 objets, en donnant le prix d'un de ces objets, on ne considère que leur nombre et non leur nature, on répète 24 fois le prix d'un objet.

**64.** *Si le multiplicande est zéro,* il est évident que *le produit reste zéro. Il en est de même si le multiplicateur est zéro ;* car alors il n'y a pas d'opération et par conséquent point de résultat.

**65.** Puisque le produit vaut le multiplicande répété autant de fois qu'il y a d'unités dans le multiplicateur, on peut dire que *le multiplicateur exprime le nombre des parties dont le produit est composé, et que le multiplicande exprime la valeur d'une de ces parties.* De là découlent les conséquences suivantes :

**66.** *Si l'on rend le multiplicande 2 fois, 3 fois, etc. plus grand, on obtiendra un produit 2 fois, 3 fois, etc. plus grand que le premier ;* car les deux produits seront composés du même nombre de parties, mais celles du second seront 2 fois, 3 fois, etc., plus grandes que celles du premier.

**67.** De même, *si l'on rend le multiplicande un certain nombre de fois plus petit, le produit sera ce nombre de fois plus petit.*

**68.** *Si l'on rend le multiplicateur un certain nombre de fois plus grand, le produit deviendra ce nombre de fois plus grand ;* car les parties des deux produits seront les mêmes, et si, par exemple, le multiplicateur est devenu 3 fois plus grand, il y aura dans le second produit 3 fois plus de parties que dans le premier.

**69.** De même, *si l'on rend le multiplicateur un certain nombre de fois plus petit, le produit deviendra ce nombre de fois plus petit.*

**70.** Il suit enfin des quatre dernières observations que, *pour rendre un produit un certain nombre de fois plus grand ou plus petit, il suffit de rendre un de ses facteurs ce nombre de fois plus grand ou plus petit.*

**71.** Nous rapporterons à trois cas ce que nous avons à dire sur la multiplication : 1° Lorsqu'il s'agit de multiplier un nombre d'un seul chiffre par un autre nombre d'un seul chiffre ; 2° lorsqu'il faut multiplier un nombre de plusieurs chiffres par un nombre d'un seul chiffre ; 3° lorsque le multiplicateur est un nombre de plusieurs chiffres.

72. 1ᵉʳ CAS. Si les deux facteurs sont des nombres d'un seul chiffre, on ne peut trouver le produit que par l'addition. Ainsi pour avoir le produit de 7 par 4, il faut écrire 4 fois 7 et dire : 7 et 7 font 14, et 7 font 21, et 7 font 28. Mais, pour éviter de faire l'addition chaque fois qu'une semblable multiplication se présente, on a réuni tous les produits des nombres d'un seul chiffre dans le tableau suivant, et on les apprend de mémoire. Pour trouver le produit de deux

```
  7
  7
  7
  7
 ——
 28
```

nombres d'un seul chiffre, il faudra chercher le multiplicande dans la ligne supérieure, et descendre au-dessous de ce chiffre jusqu'à ce qu'on soit arrivé à la ligne horizontale qui commence par le multiplicateur; le nombre placé dans le carré auquel on sera parvenu sera le produit cherché. Par exemple, pour trouver le produit de 7 par 4, je descends la colonne verticale qui commence par 7,

| 1 | 2 | 3 | 4 | 5 | 6 | 7 | 8 | 9 |
|---|---|---|---|---|---|---|---|---|
| 2 | 4 | 6 | 8 | 10 | 12 | 14 | 16 | 18 |
| 3 | 6 | 9 | 12 | 15 | 18 | 21 | 24 | 27 |
| 4 | 8 | 12 | 16 | 20 | 24 | 28 | 32 | 36 |
| 5 | 10 | 15 | 20 | 25 | 30 | 35 | 40 | 45 |
| 6 | 12 | 18 | 24 | 30 | 36 | 42 | 48 | 54 |
| 7 | 14 | 21 | 28 | 35 | 42 | 49 | 56 | 63 |
| 8 | 16 | 24 | 32 | 40 | 48 | 56 | 64 | 72 |
| 9 | 18 | 27 | 36 | 45 | 54 | 63 | 72 | 81 |

jusqu'à la rencontre de la ligne horizontale qui commence par 4, et je trouve 28.

73. 2ᵐᵉ CAS. Soit proposé de multiplier 762 par 4. Puisque ce n'est autre chose que répéter 762 quatre fois, il est évident que nous obtiendrions le résultat demandé en écrivant 4 fois 762 et faisant l'addition.

Or il est facile d'apercevoir que la première colonne contient 4 fois le chiffre 2 des unités du multiplicande; la seconde, 4 fois le chiffre 6 des dizaines; et la troisième 4 fois le chiffre 7 des centaines. Nous pourrons donc obtenir tout d'un coup chaque somme partielle, en répétant à l'aide de la table de multiplication

```
 762        762
 762          4
 762       ————
 762       3048
 ————
 3048
```

(72) 4 fois les unités de chaque ordre du multiplicande, de la manière suivante : nous n'écrirons qu'une fois le multi-

plicande 762; nous placerons le multiplicateur 4 sous les unités, et nous tracerons un trait au-dessous. Nous dirons ensuite 4 fois 2 font 8; ce nombre n'excédant pas 9, nous l'écrirons au-dessous de la colonne des unités (50); puis 4 fois 6 font 24; nous écrirons les 4 unités à la gauche du 8, et nous reporterons les 2 unités de l'ordre supérieur à la colonne suivante; 4 fois 7 font 28 et 2 retenues font 30, nous placerons un zéro sous la colonne des centaines, et nous écrirons à la gauche les 3 unités de l'ordre supérieur. On voit que ce procédé ne diffère de celui de l'addition qu'en ce que nous déterminons chaque somme partielle à l'aide de la table de multiplication.

74. Nous déduirons de là cette règle : « Pour multi-
« plier un nombre de plusieurs chiffres par un nombre
« d'un seul chiffre, écrivez le multiplicateur sous les uni-
« tés du multiplicande, et tracez un trait au-dessous, pour
« les séparer du résultat. Multipliez, en commençant par
« la droite, chaque chiffre du multiplicande par le multi-
« plicateur; lorsque le résultat n'excédera pas 9, vous
« l'écrirez au-dessous du chiffre multiplié; lorsqu'il excé-
« dera 9, vous écrirez seulement les unités, et vous repor-
« terez les dizaines pour les ajouter comme des unités au
« résultat suivant. Enfin lorsqu'un résultat ne contiendra
« que des unités de l'ordre supérieur, vous les reporterez
« au résultat suivant, après avoir placé un zéro au-dessous
« du chiffre multiplié. »

75. Ayant reconnu que le produit de 762 par 4 est 3048, nous en conclurons que celui de 762 par 4 dizaines serait 3048 dizaines; car, 4 dizaines étant un nombre dix fois plus grand que 4 unités (52), le second produit doit être (68) dix fois plus grand que le premier; ce qui revient à dire que le premier produit exprimant des unités, le second exprimera des dizaines.

76. En généralisant ce raisonnement, nous dirons que,
« si l'on connaît le produit d'un multiplicande par un
« certain nombre d'unités, il suffira de faire exprimer à ce
« produit des dizaines, des centaines, etc., pour avoir le
« produit de ce même multiplicande par le même nombre
« de dizaines, centaines, etc. »

77. 3ᵐᵉ cas. Si l'on proposait de multiplier 482 par 367, nous dirions : multiplier 482 par 367, c'est répéter 367 fois 482; pour cela faire, nous allons répéter ce nombre d'abord 7 fois, puis 60 fois, puis enfin 300 fois, et nous ajouterons les trois résultats, ce qui nous donnera évidemment le produit demandé. Et puisque nous devons ajouter les trois produits partiels, nous les placerons (50) les uns sous les autres, de manière que les unités de même ordre se correspondent, à mesure que nous les obtiendrons. Pour rendre l'opération plus facile à exécuter, nous placerons le multiplicateur au-dessous du multiplicande, et nous tracerons un trait pour les séparer des résultats partiels.

$$\begin{array}{r} 482 \\ 367 \\ \hline 3374 \\ 2892 \\ 1446 \\ \hline 176894 \end{array}$$

Nous répéterons d'abord 7 fois le multiplicande, de la manière indiquée dans le 2ᵐᵉ cas (74), et nous trouverons pour premier produit partiel 3374 que nous écrirons sous le trait. Nous trouverons par le même procédé que le produit de 482 par 6 unités serait 2892 unités; d'où nous conclurons que le second produit partiel qui est celui de 482 par 60 ou 6 dizaines, doit être 2892 dizaines (76), que nous écrirons sous le premier produit en faisant correspondre les unités de même ordre, c'est-à-dire en plaçant le premier chiffre à droite sous les dizaines. De même le produit de 482 par 3 unités étant 1446 unités, le produit de 482 par 300 sera 1446 centaines, que nous écrirons au-dessous du produit précédent, en faisant correspondre les unités de même ordre. Faisant alors l'addition des trois produits partiels, nous trouverons 176894 pour le produit cherché.

78. Nous déduirons de là cette règle : « Pour multi-
« plier par un nombre de plusieurs chiffres, écrivez le
« multiplicateur sous le multiplicande, et placez un trait
« au-dessous; multipliez ensuite le multiplicande succes-
« sivement par chacun des chiffres du multiplicateur, et
« placez les produits partiels les uns sous les autres, de
« manière que chacun d'eux ait son premier chiffre à droite
« au-dessous du chiffre du multiplicateur qui l'a fourni;

« faites ensuite la somme de tous ces produits partiels, et
« vous aurez le produit cherché. »

79. Nous venons de trouver que le produit de 482 par
567 est 176894 ; si l'on demandait celui de 4820 par 567,
nous observerions que 4820 étant (38) dix fois plus grand
que 482, le produit de ce nombre par 567 doit être (66)
dix fois plus grand que le premier ; il suffira donc, pour
l'obtenir, de placer un zéro sur la droite du premier produit 176894, ce qui le rendra (40) dix fois plus grand.
Ainsi un zéro placé à la droite du multiplicande en intro-
duira un à la droite du produit ; donc pour un nombre
quelconque de zéros placés à la droite du multiplicande, il
faudrait en placer le même nombre à la droite du produit.
De même, si l'on demandait le produit de 482 par 5670,
le multiplicateur 5670 étant dix fois plus grand que 567 (38),
le produit devrait être (68) dix fois plus grand que le premier ; il suffirait donc, pour l'obtenir, de placer un zéro
sur la droite de 176894 (40) ; ainsi un zéro placé à la droite
du multiplicateur, exige un zéro à la droite du produit ; et
par conséquent pour un nombre quelconque de zéros
placés à la droite du multiplicateur, il faudra placer le
même nombre de zéros à la droite du produit.

80. D'après cela, « si l'on a à multiplier des nombres
« terminés par des zéros, il suffit de
« former le produit des nombres qui
« précèdent ces zéros, et de placer en-
« suite, sur la droite du produit trouvé,
« autant de zéros qu'il s'en trouve tant
« au multiplicande qu'au multiplica-
« teur. » Par exemple, pour multiplier
4580 par 2800, nous chercherons le
produit de 458 par 28, et nous placerons 3 zéros sur la
droite.

$$
\begin{array}{r}
4580 \\
2800 \\
\hline
3664 \\
916 \\
\hline
12824000
\end{array}
$$

81. *Quel que soit celui des deux nombres proposés que
l'on prenne pour multiplicande, le produit est toujours
composé du même nombre d'unités.* Si, par exemple, il fal-
lait multiplier 6 par 4, je pourrais écrire séparément, sur

1, 1, 1, 1, 1, 1.
1, 1, 1, 1, 1, 1.
1, 1, 1, 1, 1, 1.
1, 1, 1, 1, 1, 1.

une même ligne horizontale, les 6 unités du multiplicande, comme on le voit dans le tableau ci-contre. En écrivant l'une au-dessous de l'autre 4 lignes semblables, j'aurais bien répété 4 fois 6, et, par conséquent, le nombre des unités qui sont dans le tableau serait le nombre des unités que doit contenir le produit de 6 par 4. Mais si nous considérons ce même tableau par colonnes verticales, nous trouverons qu'il en contient 6, dont chacune contient 4 unités ; il vaut donc 4 répété 6 fois, c'est-à-dire le produit de 4 par 6.

82. Généralisons ce raisonnement : soit à multiplier 34 par 27 ; nous pouvons supposer les 34 unités du multiplicande écrites séparément sur une même ligne horizontale, qui vaudra par conséquent 34 ; si nous supposons 27 lignes semblables les unes au-dessous des autres, nous aurons évidemment un tableau contenant autant d'unités qu'il s'en trouve dans 27 fois 34, c'est-à-dire dans le produit de 34 par 27. Mais si nous considérons ce même tableau par colonnes, il est facile de voir qu'il en contiendra autant que nous avons écrit d'unités dans une ligne, c'est-à-dire 34 ; et que chaque colonne renfermera autant d'unités que nous avons écrit de lignes, c'est-à-dire 27. Donc ce même tableau vaudra 34 fois 27 ou le produit de 27 par 34.

83. Nous venons de voir que *le produit de deux nombres ne change pas, quant au nombre des unités, quel que soit celui des deux que l'on multiplie par l'autre.* Il n'en serait pas de même de la nature des unités du produit, puisqu'elle est toujours la même que celle des unités du multiplicande. Pour diminuer le nombre des produits partiels, on a coutume de prendre pour multiplicateur celui des deux nombres qui contient le moins de chiffres ; mais si ce nombre était réellement celui qui doit être multiplié, il n'en faudrait pas moins donner aux unités du produit la même dénomination. Si, par exemple, on demande le prix de 4568 aunes d'étoffe à 27 francs l'aune, il est clair que

$$\begin{array}{r} 27 \text{ fr.} \\ 4568 \\ \hline 31976 \\ 9156 \\ \hline 123356 \text{ fr.} \end{array}$$

le multiplicande est 27 francs qu'il faut répéter 4568 fois ; néanmoins on pourra effectuer la multiplication de 4568 par 27, comme on le voit dans l'opération ci contre, mais en donnant toujours au produit la dénomination de francs, et non pas d'aunes.

84. On nomme *multiple* d'un nombre tout produit de ce nombre par un nombre entier ; et *les multiples* d'un nombre sont les produits de ce nombre par la suite des nombres entiers.

## § VI. *Division des nombres entiers.*

85. La division a pour objet de déterminer l'un des facteurs d'un produit donné, quand on connaît l'autre facteur.

86. Dans cette opération le produit prend le nom de *dividende*, le facteur connu celui de *diviseur*, et le facteur que l'on détermine reçoit le nom de *quotient*.

87. Lorsque le diviseur est de la même nature que le dividende, il est le nombre qui a servi de multiplicande (62); *dans ce cas on peut dire que la division a pour objet (65) de trouver combien de fois le diviseur est contenu dans le dividende.* Lorsque le diviseur n'est pas de la même nature que le dividende, c'est le quotient qui a servi de multiplicande ; et *dans ce cas on peut dire que la division a pour objet (65) de partager le dividende en autant de parties égales qu'il y a d'unités dans le diviseur, et de trouver la valeur d'une partie.*

88. Il résulte du principe établi (70) dans la multiplication que *si l'on rend le dividende un certain nombre de fois plus grand ou plus petit, sans changer le diviseur, le quotient deviendra ce même nombre de fois plus grand ou plus petit.*

89. Il résulte également de ce principe (70) que *si, le dividende restant le même, on rend le diviseur un certain nombre de fois plus grand, le quotient deviendra le même*

*nombre de fois plus petit ;* et que *si le diviseur était rendu un certain nombre de fois plus petit, le quotient deviendrait ce nombre de fois plus grand;* car pour que l'un des facteurs change sans que le produit soit altéré, il faut que l'autre facteur éprouve un changement qui compense l'altération que le premier peut causer au produit.

90. Des deux articles précédents il suit nécessairement que *si l'on rend le dividende et le diviseur le même nombre de fois plus grands ou plus petits, le quotient ne changera pas;* car la seconde opération produit un effet précisément contraire à celui de la première.

91. Il est toujours facile de reconnaître d'avance si le quotient contient ou non des unités d'un ordre quelconque. Pour trouver par exemple si le quotient contient des mille, nous dirons : le produit du diviseur par mille vaut autant de mille que le diviseur a d'unités ; donc si le dividende ne renferme pas autant de mille que le diviseur a d'unités, il sera le produit du diviseur par un nombre moindre que mille, et alors le quotient ne contiendra pas de mille. Si au contraire le dividende contient autant ou plus de mille que le diviseur n'a d'unités, il sera le produit du diviseur par un nombre égal ou supérieur à mille, et par conséquent le quotient contiendra des mille.

92. Il suit de là que « si l'on sépare sur la gauche du « dividende autant de chiffres qu'il en faut pour que le « nombre qu'ils expriment ne soit pas inférieur au divi- « seur, les unités les plus élevées du quotient seront du « même ordre que celles du dernier chiffre à droite de la « partie séparée. » Car : 1° le quotient contiendra des unités de cet ordre, puisque le dividende contient autant ou plus d'unités de cet ordre que le diviseur n'a d'unités; 2° le quotient ne contiendra pas d'unités d'un ordre plus élevé, puisque le dividende contient moins d'unités d'un ordre plus élevé que le diviseur n'a d'unités.

93. Donc *le quotient n'aura qu'un chiffre lorsque le dividende ne contiendra pas autant de dizaines qu'il y a d'unités dans le diviseur.*

94. Nous partagerons la division en trois cas, analogues

à ceux que nous avons considérés dans la multiplication :
1º lorsque le diviseur et le quotient sont des nombres d'un
seul chiffre; 2º lorsque le diviseur n'ayant qu'un chiffre,
le quotient doit en avoir plusieurs; 3º lorsque le diviseur
a plusieurs chiffres.

95. 1ᵉʳ CAS. Lorsque le diviseur n'ayant qu'un chiffre,
on a reconnu (93) que le quotient doit être aussi un nombre d'un seul chiffre, on détermine ce quotient au moyen
de la table de multiplication (72) de la manière suivante :
« On cherche le diviseur dans la première colonne à gau-
« che; on suit la ligne horizontale qu'il commence jusqu'à
« ce qu'on rencontre le dividende qui doit nécessairement
« s'y trouver, puisque cette ligne contient les produits du
« diviseur par tous les nombres d'un seul chiffre; et quand
« on aura trouvé le dividende, le nombre placé au-des-
« sus de lui dans la première ligne du tableau sera le quo-
« tient. » En effet, d'après la construction du tableau, le
dividende est le produit de ce nombre et du diviseur l'un
par l'autre.

96. Si l'on demandait, par exemple, le quotient de 28
par 6; en suivant la colonne horizontale qui commence
par 6, nous y trouvons 24 qui est moindre que 28, et ensuite 30 qui est plus grand que 28; nous en conclurons
que le quotient est plus grand que 4 et moindre que 5; ce
quotient est donc un nombre fractionnaire (11) dont la
partie entière est 4; quant à la fraction, nous apprendrons
à la déterminer lorsque nous nous occuperons des nombres
fractionnaires. Les 4 unités que 28 contient de plus
que 24, produit du diviseur 6 par la partie entière du quotient, se nomment *le reste de la division en nombres entiers*.

97. 2º CAS. Supposons que l'on demande le quotient
de 3276 par 7. Nous regarderons le diviseur comme le
multiplicande, ce qui n'influe en rien sur le nombre des
unités des facteurs ou du produit (81). En considérant les
deux nombres proposés, nous reconnaîtrons d'abord que le
quotient aura trois chiffres (92); le produit du diviseur par
le quotient (ou le dividende) sera donc formé de trois pro-

duits partiels : 1º celui du diviseur par les unités du quotient ; 2º celui du diviseur par les dizaines du quotient ;
3º celui du diviseur par les centaines du quotient (78). Si
nous connaissions chacun de ces produits, il nous serait
facile de déterminer chaque chiffre du quotient par le procédé indiqué ci-dessus (95). Pour parvenir plus facilement
à la connaissance de ces produits, figurons la
multiplication qui a donné le dividende 3276. Le
produit du diviseur par les centaines du quotient
est un nombre exact de centaines (78), et est
entré tout entier par l'addition dans 32, comme
on le voit dans l'opération figurée ; donc il ne
peut être plus grand que 28 qui est, comme on
le trouve au tableau (72), le plus grand multiple de 7 contenu dans 32 ; de plus il est aisé de s'assurer que ce sera
précisément 28, produit de 7 par 4, et que par conséquent
le chiffre des centaines du quotient sera 4 ; en effet, le produit de 7 par 4 centaines est 28 centaines ; donc le dividende qui est 32 centaines et encore 76 unités, ne peut
être le produit de 7 par un nombre moindre que 4 centaines ;
donc le quotient ne peut avoir moins de 4 centaines. Ainsi
le premier chiffre à gauche du quotient sera 4, et le produit partiel qu'il a fourni étant 28 centaines, en le retranchant du dividende, il restera 476 pour la somme des deux
autres produits. Le produit du diviseur par les dizaines du
quotient sera un nombre exact de dizaines (78) et par conséquent sera tout entier dans 47 ; il sera donc un des multiples de 7 contenus dans 47, et de plus ce sera le plus
grand 42, puisque 42 dizaines étant le produit de 7 par
6 dizaines, le dividende, qui vaut 47 dizaines et encore
6 unités, ne peut être le produit de 7 par un nombre moindre que 6 dizaines ; donc la partie du quotient qu'il reste
à déterminer ne peut avoir moins de 6 dizaines ; le second
chiffre du quotient sera donc 6 que nous écrirons à la droite
du premier. En retranchant le second produit partiel,
42 dizaines, de 476, il restera 56 pour le produit du
diviseur 7 par les unités du quotient ; et comme ce nombre
est le produit de 7 par 8, le chiffre des unités du quotient

sera 8 que nous écrirons à la droite des deux premiers. Le quotient demandé est donc 468.

**98.** Du raisonnement que nous venons de faire, on déduit la règle suivante que nous allons appliquer à l'exemple précédent :

$$
\begin{array}{r|l}
3276 & 7 \\
28 & \overline{468} \\
\hline
47 & \\
42 & \\
\hline
56 & \\
56 & \\
\hline
0 &
\end{array}
$$

« Ecrivez le diviseur [7] à la droite
« du dividende [3276], en les sépa-
« rant par un trait vertical, et placez
« un autre trait horizontal au-dessous
« du diviseur pour le séparer du quo-
« tient. Séparez, sur la gauche du di-
« vidende, un nombre de chiffres
« suffisant pour que le diviseur y soit
« contenu, ce qui formera le *premier*
« *dividende partiel* [32]; cherchez
« par la table de multiplication combien de fois ce divi-
« dende contient le diviseur, ce qui donnera le premier
« chiffre à gauche [4] du quotient, chiffre que vous écrirez
« sous le diviseur. Multipliez le diviseur par ce chiffre et
« retranchez le produit [28] du dividende partiel; à droite
« du reste [4] écrivez le chiffre suivant du dividende [7],
« ce qui formera le *second dividende partiel* [47]. Cher-
« chez de même combien de fois le diviseur y est contenu,
« ce qui donnera le second chiffre [6] du quotient, que
« vous écrirez à droite du premier [4]. Multipliez le divi-
« seur par ce chiffre, et retranchez le produit [42] du se-
« cond dividende partiel. A la droite du reste [5] vous
« écrirez le chiffre suivant du dividende [6], ce qui for-
« mera le *troisième dividende partiel*. Continuez ainsi,
« jusqu'à ce que vous ayez épuisé tous les chiffres du divi-
« dende. »

**99.** 3° CAS. Lorsque le diviseur a plusieurs chiffres, on suit absolument la même règle que dans le 2° cas, et le raisonnement est le même; seulement, comme on ne peut plus trouver par la table de multiplication (72) combien de fois le diviseur est contenu dans un dividende partiel, il faut pour y parvenir employer les procédés que nous allons indiquer.

100. Le premier consiste à former les neuf premiers multiples du diviseur, ce qui donne la ligne que l'on obtiendrait si l'on prolongeait la table de multiplication (72) jusqu'à ce que l'on arrivât, dans la colonne à gauche, au diviseur; on opère ensuite exactement comme dans le 2ᵉ cas. Par exemple, s'il faut diviser 46512 par 136, je forme les 9 premiers multiples de 136 :

$$1 \quad 2 \quad 3 \quad 4 \quad 5 \quad 6 \quad 7 \quad 8 \quad 9$$
$$136-272-408-544-680--816--952-1088-1224.$$

```
465'12 | 136
408    |-----
-----    342
 571
 544
-----
 272
 272
-----
   0
```

Le plus grand multiple de 136 contenu dans le premier dividende partiel 465 est 408, donc le premier chiffre du quotient est 3; retranchant 408 de 465, il reste 57, à la droite duquel j'écris 1, chiffre suivant du dividende, ce qui donne pour second dividende partiel 571; le plus grand multiple du diviseur qui y soit contenu, c'est 544; donc le second chiffre du quotient est 4 que j'écris à droite du premier. Retranchant 544 de 571, il reste 27 à la droite duquel j'écris le chiffre restant du dividende 2, ce qui donne pour troisième dividende partiel 272, produit du diviseur par 2; donc le troisième chiffre du quotient est 2, que j'écris à droite des deux premiers; et 272 étant retranché du dividende partiel, il ne reste rien.

101. Le procédé que nous venons de suivre n'est guère usité que quand le quotient doit avoir un assez grand nombre de chiffres; on suit ordinairement celui que nous allons exposer. Soit à diviser 331821 par 687. Après avoir

```
3318'21 | 687
2748    |-----
-----    483
 5702
 5496
-----
 2061
 2061
-----
    0
```

disposé les deux nombres comme il a été dit (98), nous aurons pour premier dividende partiel 3318; ce dividende contient le produit de 687 par le premier chiffre du quotient, et ce produit est le plus grand multiple de 687 contenu dans 3318. Ce produit se compose (74) des produits de chacun des chiffres 6, 8, 7 par le premier chiffre du quotient; or le produit du chiffre 6 exprime des centaines, et par conséquent est contenu tout entier dans les 33 centaines du dividende partiel; donc le premier chiffre du quotient ne peut être plus grand que 5, puisque le produit de 6 par un nombre plus grand que 5 ne serait pas contenu dans 33. Essayons donc si ce chiffre n'est pas trop grand; pour cela, nous multiplierons 687 par 5; le produit 3435, étant plus grand que le premier dividende partiel, nous montre que le premier chiffre du quotient est moindre que 5. Essayons 4; le produit 2748 étant contenu dans le premier dividende partiel, 4 sera le chiffre cherché, puisque 2748 est bien le plus grand multiple de 687 contenu dans 3318. On voit donc qu'il faut : « chercher combien de fois le premier chiffre « du diviseur est contenu dans la partie du dividende « partiel qui exprime des unités du même ordre que lui; « le chiffre cherché ne pourra excéder le résultat. On mul- « tipliera le diviseur par le résultat trouvé; si le produit « n'excède pas le dividende partiel, ce résultat sera le « chiffre cherché; si le produit excède le dividende partiel, « on essaiera un chiffre moindre d'une unité. » Nous continuerons ainsi l'opération. Après avoir retranché 2748 de 3518, nous aurons pour second dividende partiel 5702, dont les 57 centaines contiennent 9 fois les 6 centaines du diviseur; mais comme le produit de 687 par 9 surpasse 5702, nous prendrons 8 pour les dizaines du quotient. Le produit 5496 étant retranché de 5702, nous donne pour troisième dividende partiel 2061, dont les 20 centaines contiennent 3 fois les 6 centaines du diviseur; et comme 3 fois 687 donnent exactement 2061, nous en conclurons que 3 est le chiffre des unités du quotient.

102. Il pourrait arriver par erreur qu'on eût placé au quotient un chiffre trop faible. On s'en apercevrait à ce que, après avoir retranché du dividende partiel le produit du diviseur par ce chiffre, le reste contiendrait encore le diviseur; car cela prouve que le produit retranché n'est pas le plus grand multiple du diviseur contenu dans le dividende partiel. Alors on augmenterait d'une unité le chiffre placé

au quotient, et pour avoir le reste, sans recommencer la multiplication, il suffirait de retrancher le diviseur du reste trouvé précédemment.

103. « Si un dividende partiel ne contenait pas le divi-
« seur, cela indiquerait que le quotient ne renferme pas
« d'unités de cet ordre ; on mettrait donc un zéro au quo-
« tient, et l'on passerait à la recherche des unités de l'ordre
« suivant, en écrivant à la droite du dividende partiel le
« chiffre suivant du dividende. » Soit, par exemple à diviser 229026 par 38. Le quotient aura 4 chiffres (92). Le premier dividende partiel 229 nous donne 6 pour le chiffre des mille du quotient ; le produit de 38 par ce chiffre est 228 qui étant retranché de 229 donne le reste 1. En écrivant à la droite de ce reste le chiffre suivant du dividende, nous avons pour second dividende partiel 10 ; ce nombre étant moindre que 38, il est clair que le quotient n'a pas de centaines, et que ces 10 centaines proviennent de la réunion des deux autres produits dont la somme est 1026. Nous placerons donc un zéro au quotient pour tenir la place des centaines, et nous passerons à la recherche des dizaines ; or le produit du diviseur par ces dizaines se trouve dans les 102 dizaines de 1026, c'est donc 102 le troisième dividende partiel qui nous donnera 2 pour les dizaines du quotient. Le produit 76 étant retranché de 102, nous aurons 266 pour quatrième dividende partiel, et 7 pour les unités du quotient qui sera 6027.

104. « Lorsque le dividende et le diviseur sont terminés
« l'un et l'autre par des zéros, on supprime dans l'un et
« dans l'autre un même nombre de zéros, le plus grand
« possible. » En effet, cette opération les rendant l'un et l'autre 10 fois, 100 fois, etc., plus petits (39), le quotient ne sera pas changé (90) et l'on opérera sur des nombres plus simples. Ainsi le quotient de 27600 par 2300 s'obtiendra en divisant 276 par 23, ce qui donne 12 ; celui de

270000 par 5600, s'obtiendra en divisant 2700 par 36, ce qui donne 75.

**105.** On a coutume d'abréger la division en faisant, après la détermination d'un chiffre du quotient, la soustraction en même temps que la multiplication. « Pour cela,
« en multipliant chaque chiffre du diviseur par le chiffre
« qu'on vient d'écrire au quotient, on retranche chaque
« produit partiel tout entier du chiffre de même ordre du
« dividende partiel, en augmentant ce chiffre d'autant de
« dizaines qu'il est nécessaire, pour que la soustraction
« puisse s'effectuer, et en retenant ces dizaines comme des
« unités de l'ordre supérieur pour les ajouter au produit
« partiel suivant. » Ce procédé est fondé sur ce principe :
*La différence de deux nombres ne change pas, si on les augmente tous deux d'une même quantité*, ce qui est évident puisque la différence de deux nombres est ce qui se trouve dans l'un sans se trouver dans l'autre. D'après ce principe, puisque les dizaines ajoutées à un chiffre du plus grand nombre, sont ajoutées également au chiffre suivant du plus petit, le reste trouvé sera le même que si l'on eût opéré la soustraction comme à l'ordinaire. Soit, par exemple, 364952 à diviser par 837. Le premier dividende partiel

5649 nous donne pour premier chiffre

|   |   |
|---|---|
| 5649'52 | 837 |
| 3015 | 456 |
| 5022 | |
| 000 | |

du quotient 4; je multiplie et je soustrais en disant : 4 fois 7 font 28, ôté de 29 reste 1, je reporte 2; 4 fois 5 font 12 et 2 de report font 14, ôté de 14 reste 0, je reporte 1; 4 fois 8 font 32 et 1 de report font 33, ôté de 36 reste 3, je reporte 3 qui ôté de 3 ne donne rien de reste. Le second dividende partiel sera 3013 qui donne 3 pour second chiffre du quotient ; opérant comme précédemment je dirai : 3 fois 7 font 21, ôté de 23 reste 2, je reporte 2; 3 fois 5 font 9 et 2 de report font 11, ôté de 11 reste 0, je reporte 1; 3 fois 8 font 24 et 1 de report font 25, ôté de 30 reste 5, je reporte 3 qui ôté de 3 ne donne rien de reste. Le troisième dividende partiel sera donc 5022 qui donne pour le troisième chiffre du quotient 6; et je dis : 6 fois 7 font 42, ôté de 42 reste 0, je reporte 4; 6 fois 3 font 18 et 4 de report 22, ôté de 22 reste 0, je reporte 2; 6 fois 8 font 48 et 2 de report font 50, ôté de 50 reste 0, je reporte 5 qui ôté de 5 ne donne rien de reste. Le quotient est donc 456.

### § VII. *Preuves des opérations de l'arithmétique.*

106. On nomme *preuve* d'une opération d'arithmétique une autre opération que l'on fait pour s'assurer de l'exactitude du résultat donné par la première. Comme on peut aussi bien se tromper dans la seconde opération que dans la première, et qu'il est possible que la seconde erreur fasse disparaître les traces de la première, les procédés que nous allons indiquer sont plutôt des moyens de vérification plus ou moins certains que de véritables preuves.

107. La preuve de l'addition peut se faire en la recommençant de manière à opérer sur chaque colonne dans un ordre inverse de celui qu'on a suivi la première fois, c'est-à-dire de bas en haut, si l'on a d'abord opéré de haut en bas; il est évident que les deux sommes doivent être les mêmes.

108. On peut encore séparer par un trait le nombre supérieur, et additionner tous ceux qui sont au-dessous; cette seconde somme étant retranchée de la première, doit évidemment donner pour différence le nombre supérieur.

109. Quand il y a beaucoup de nombres à ajouter, on les partage en deux, trois ou quatre groupes; on fait la somme des nombres de chaque groupe, et en ajoutant ces sommes partielles on doit trouver le même résultat que par l'addition de tous les nombres en une fois.

110. Enfin on peut encore employer le procédé que nous allons exposer en l'appliquant à un exemple. Soit proposé d'ajouter les nombres 4856,... 7285,... 8593,... 724.

4856
7285
8593
724
————
21456
————
2210

Après avoir fait l'addition qui donne pour somme 21456, je dirai : Les 21 mille de cette somme ont été formés par la réunion des nombres contenus dans la colonne des mille, et des unités de même ordre provenant de l'addition des centaines (50); donc si j'en retranche la somme de la colonne des mille qui est 19,

le reste 2 exprimera les mille reportés de la colonne
des centaines; et puisqu'il se trouve sous cette colonne
4 centaines, en y réunissant comme des dizaines les
2 unités de report, nous aurons 24 pour la somme des
centaines de la troisième colonne, augmentées des centaines provenues de la colonne des dizaines. Si nous
en retranchons la somme 22 de la colonne des centaines,
le reste 2 nous apprend que le report de la colonne des
dizaines a été 2, et que, par conséquent, on avait trouvé
25 pour la somme de ces unités augmentées des dizaines
provenues de la première colonne. Si nous retranchons de
ce nombre la première somme qui est 24, le reste 1 exprimera le report de la première colonne dont la somme était
par conséquent 16. Faisant donc la somme des unités de
cette colonne, nous devons trouver le même résultat qui,
retranché du premier, donnera pour reste 0.

111. La preuve de la soustraction se fait en ajoutant le
reste au plus petit nombre; la somme doit être le plus
grand nombre (53).

112. La preuve de la multiplication la plus simple,
consiste à doubler le multiplicande, et à multiplier le résultat par le même multiplicateur; le second produit doit
être le double du premier (66). De plus, chaque produit
partiel de la seconde opération doit être aussi le double du
produit correspondant de la première, ce qui facilite la dé-
couverte de l'erreur quand on a reconnu qu'elle existe. En
voici un exemple :

| 843 | 1686 | 843 |
| 764 | 764 | 843 |
| --- | --- | --- |
| 3372 | 6744 | 1686 |
| 5058 | 10116 | 644052 |
| 5901 | 11802 | 644052 |
| --- | --- | --- |
| 644052 | 1288104 | 1288104 |

113. La preuve de la division se fait en multipliant le
diviseur et le quotient l'un par l'autre; on doit trouver

pour produit le dividende (85). Si cependant le dernier dividende partiel étant diminué du produit du diviseur par les unités du quotient donnait un reste, ce qui indique un quotient fractionnaire (96), il faudrait ajouter ce reste au produit.

# CHAPITRE III.

### FRACTIONS.

114. Une fraction est (7) le résultat de la comparaison de l'unité avec une quantité plus petite qu'elle. Il y a trois manières d'exprimer ce résultat : la première donne les *fractions ordinaires ;* la seconde, les *nombres complexes ;* la troisième, les *fractions décimales.*

## § I. *Numération des fractions ordinaires.*

115. Le premier moyen d'exprimer en nombres, c'est-à-dire de faire connaître, au moyen de l'unité, une quantité moindre que cette unité, c'est de partager l'unité en un nombre de parties égales tel que la quantité proposée contienne un nombre exact de ces parties. Puis on indique par un nombre, que l'on nomme *dénominateur,* en combien de parties l'unité est divisée; et par un autre nombre, appelé *numérateur,* combien la quantité dont il s'agit renferme de ces parties.

116. Pour écrire une fraction on écrit le dénominateur au-dessous du numérateur, en les séparant par un trait horizontal ; ou encore on écrit le dénominateur à droite du numérateur, en les séparant par un trait presque vertical, un peu incliné de droite à gauche. Ainsi, pour exprimer qu'une quantité contient 3 parties de l'unité partagée en 5 parties égales, on écrira $\frac{3}{5}$ ou 3/5.

**117.** Pour énoncer une fraction, on énonce d'abord le numérateur, et ensuite le dénominateur, en ajoutant à ce dernier la terminaison *ième*. Ainsi, la fraction 3/5 s'énoncera *trois cinquièmes*. Il y a exception pour les dénominateurs 2, 5, 4, qui s'énoncent *demi, tiers, quart*.

**118.** Le numérateur et le dénominateur d'une fraction s'appellent en commun les *deux termes* de la fraction.

### §. II. *Numération des nombres complexes.*

**119.** Le procédé que nous venons d'exposer offre l'avantage de pouvoir exprimer numériquement, avec exactitude, une quantité moindre que l'unité ; aussi est-il généralement employé dans les calculs ; mais dans son application à la pratique, il présente cet inconvénient que l'on ne peut tracer sur l'unité toutes les subdivisions qu'on peut avoir besoin d'employer. On a donc eu recours à un autre.

**120.** Ce second procédé consiste à partager d'abord l'unité en un petit nombre de parties convenu d'avance, et auxquelles on donne un nom qui tient lieu d'un dénominateur. Par exemple, on partage l'unité de longueur appelée *toise* en 6 parties que l'on nomme des *pieds*. Pour avoir des parties plus petites, on partage chaque pied en 12 parties appelées des *pouces ;* puis de même chaque pouce en 12 parties appelées des *lignes*. On a poussé cette subdivision aussi loin qu'il est nécessaire pour l'usage que l'on fait de chaque unité dans la pratique. Toutes ces parties sont considérées comme de nouvelles unités, plus petites que l'unité principale, et à l'aide desquelles on fait connaître des quantités moindres que cette unité. On les nomme unités de *sous-espèce*. Ainsi, après avoir porté la toise sur une longueur que l'on veut faire connaître, autant de fois qu'il est possible de le faire, 8 fois par exemple, s'il reste une longueur moindre que la toise, on la mesurera (6) avec le pied ; si l'on trouve, par exemple, qu'elle contient 2 pieds et une longueur moindre que le pied, on mesurera cette dernière avec le pouce, et si l'on trouve qu'elle en contient 5, on dira que la longueur dont il s'agit est de

8 toises, 2 pieds, 5 pouces. Les nombres dont les parties sont ainsi rapportées à des unités d'espèces différentes, se nomment des *nombres complexes*.

121. Il est évident que, dans ce système, les unités de sous-espèce sont des fractions de l'unité principale et les unes des autres; le dénominateur est le nombre d'unités de sous-espèce nécessaire pour en former une de l'espèce supérieure. Les pieds sont des *sixièmes* de toise; les pouces, des *douzièmes* de pied.

### § III. *Numération des nombres décimaux.*

122. Le troisième procédé a l'avantage de rendre les calculs sur les fractions et les nombres fractionnaires beaucoup plus simples qu'ils ne le sont quand on emploie l'un des deux autres. Il consiste à partager chaque unité, quelle qu'elle soit, en 10 parties appelées *dixièmes*; puis, regardant ces parties comme de nouvelles unités, on partage chacune d'elles en 10 parties que l'on nomme des *centièmes*; on subdivise ensuite chaque centième en 10 parties appelées *millièmes*; chaque millième en 10 *dix-millièmes*, et ainsi de suite indéfiniment.

123. Les parties de l'unité ainsi divisée, c'est-à-dire en parties de dix en dix fois plus petites, se nomment *parties décimales* de l'unité; les chiffres qui les expriment s'appellent *chiffres décimaux*, et les nombres qui en contiennent, *nombres décimaux*.

124. Puisque dix unités de sous-espèce en font une de l'espèce supérieure, on ne peut avoir plus de 9 unités de chaque sous-espèce; par conséquent, *le nombre des unités d'une même espèce sera toujours exprimé par un seul chiffre*. Comme les dixièmes sont des unités dix fois plus petites que les unités principales, les centièmes des unités dix fois plus petites que les dixièmes, nous placerons (31), pour suivre la même loi que dans les nombres entiers, les chiffres qui expriment des dixièmes à la droite de ceux qui expriment des unités, ceux qui expriment des centièmes à la droite des dixièmes, et ainsi de suite; seulement, pour

faire connaître le chiffre des unités lorsqu'il ne sera plus le
dernier à droite, nous placerons sur sa droite une virgule
que l'on nomme la *virgule décimale*, et par abréviation, la
*virgule.* Lorsqu'il n'y a pas d'unités principales, on les
remplace par un zéro à la droite duquel se met la virgule.

125. « Pour énoncer un nombre décimal écrit en chif-
» fres, on énonce d'abord les unités entières s'il y en a;
» puis on énonce la partie décimale comme on énoncerait
» un nombre entier, en ajoutant le nom des unités déci-
» males exprimées par le dernier chiffre. » Par exemple,
34,856 s'énoncerait : *trente-quatre unités, huit cent cin-
quante-six millièmes;* 0,0407 s'énoncerait : *quatre cent
sept dix-millièmes.* En effet, la partie entière ne présente
aucune difficulté; et quant à la partie décimale, dans le
premier nombre en l'énonçant comme un nombre entier,
huit cent trente-six, j'exprime qu'avec les 6 unités du dernier chiffre, j'ai encore 5 unités dix fois plus grandes que
celles du 6, et 8 unités dix fois plus grandes que celles
du 5; et comme j'ajoute que celles du 6 sont des millièmes,
j'aurai énoncé que celles du 5 sont des centièmes, et celles
du 8 des dixièmes.

126. « Pour écrire en chiffres un nombre décimal dicté
» ou écrit en lettres, écrivez d'abord les unités entières,
» s'il y en a; s'il n'y en a pas, remplacez-les par un zéro,
» et mettez une virgule sur la droite. Cherchez ensuite
» quelle place doit occuper le dernier chiffre décimal pour
» exprimer les unités énoncées, ce qui vous fera connaître
» combien il faut de chiffres décimaux; examinez alors
» combien vous emploieriez de chiffres pour écrire, comme
» un nombre entier, le nombre de ces unités : Si ce nom-
» bre de chiffres est égal au premier, écrivez le nombre
» décimal, comme un nombre entier, à la suite de la vir-
» gule ; si ce nombre de chiffres est moindre que le premier,
» mettez d'abord à la suite de la virgule autant de zéros
» qu'il manque de chiffres, et vous écrirez le nombre pro-
» posé à leur droite comme un nombre entier. » En effet,
en énonçant le nombre ainsi écrit, d'après la règle ci-
dessus (125), on répétera le nombre dicté. Soit proposé

d'écrire le nombre *cinq cent trente-six millièmes :* n'ayant pas d'unités entières, j'écrirai un zéro et ensuite la virgule; puis, comme les *millièmes* occupent la 3ᵉ place, et que j'emploierais 3 chiffres pour écrire *cinq cent trente-six,* j'écrirai ce nombre comme un nombre entier à droite de la virgule, ce qui donnera 0,536. Si l'on proposait d'écrire *seize unités, quatre mille huit millionièmes,* après avoir écrit les seize unités et placé la virgule sur la droite, je dirais : les millionièmes occupent la 6ᵉ place, et pour écrire *quatre mille huit,* il faut quatre chiffres, c'est-à-dire *deux de moins* ; je placerai donc d'abord *deux zéros* après la virgule, puis j'écrirai *quatre mille huit* comme un nombre entier, ce qui donnera 16,004008.

127. *Si dans un nombre décimal on déplace la virgule d'un rang vers la droite, le nombre deviendra dix fois plus grand.* Car, les places des chiffres se comptant à partir de la virgule, tant dans la partie entière que dans la partie décimale, chaque chiffre se trouvera occuper une place d'un rang plus à gauche, et par suite exprimera des unités dix fois plus grandes que celles qu'il exprimait (32). *Si l'on déplace la virgule de deux rangs, le nombre sera 100 fois plus grand; si on la déplace de trois rangs, il sera 1000 fois plus grand, et ainsi de suite.*

128. Il suit de là que *si dans un nombre décimal on déplace la virgule vers la gauche d'un rang, de deux rangs, etc., le nombre deviendra 10 fois, 100 fois, etc., plus petit.*

129. Donc, *pour rendre un nombre décimal 10 fois, 100 fois, etc., plus grand ou plus petit, il suffit de déplacer la virgule d'un rang, de deux rangs, etc., vers la droite ou vers la gauche.*

130. *On rendra un nombre entier 10 fois, 100 fois, etc., plus petit, en séparant sur sa droite, par une virgule, un, deux, etc., chiffres décimaux.* Car, dans un nombre entier, la virgule étant supposée sur la droite du chiffre des unités, c'est avancer la virgule sur la gauche.

131. *Un nombre décimal ne change pas de valeur, bien que l'énoncé n'en soit plus le même, si l'on place à sa droite*

*un ou plusieurs zéros*. Car les places se comptant à partir de la virgule, chaque chiffre occupera le même rang et par conséquent exprimera toujours les mêmes unités.

**132.** Donc, « *lorsqu'un nombre décimal est terminé à droite par des zéros, on peut toujours les supprimer ; le nombre ne changera pas de valeur*.

---

# CHAPITRE IV.

### OPÉRATIONS DE L'ARITHMÉTIQUE SUR LES NOMBRES DÉCIMAUX.

### § I. *Addition des nombres décimaux* (*).

**133.** Pour ajouter plusieurs nombres décimaux, par exemple 48,584 . 582,648 . 725,25 . 8,4; « après les avoir écrits » les uns sous les autres, de sorte que les unités de même

$$
\begin{array}{r}
48,584 \\
582,648 \\
725,25 \\
8,4 \\
\hline
1164,882
\end{array}
$$

» ordre se correspondent, on fait l'addition » comme si les nombres étaient entiers ; » mais dans la somme on place la virgule » sur la droite du chiffre qui provient de la » colonne des unités. » En effet les règles données pour l'addition des nombres entiers (50) supposent seulement que dix unités d'un ordre en font une de l'ordre supérieur ; or la même loi subsiste pour les nombres décimaux. De plus chaque chiffre de la somme exprime des unités du même ordre que celles de la colonne qui l'a fourni, donc le chiffre 4 qui provient de la colonne des unités doit exprimer des unités, donc c'est sur sa droite que la virgule doit être placée (124).

### § II. *Soustraction des nombres décimaux*.

**134.** « Pour faire la soustraction des nombres décimaux, » on écrit le plus petit nombre sous le plus grand, de sorte

---

(*) Nous ne répéterons pas les définitions que nous avons données aux nombres entiers.

» que les unités de même ordre se correspondent; si l'un
» des nombres contient moins de chiffres décimaux que
» l'autre, on place sur la droite un nombre de zéros suffi-
» sant pour qu'il y en ait autant que dans l'autre, ce qui
» ne change pas sa valeur (131); on opère ensuite comme
» sur des nombres entiers, et on place la virgule sur la
» droite du chiffre qui provient de la colonne des unités. »
En effet, les règles données pour la soustraction des nombres entiers supposent seulement que dix unités d'un ordre
en font une de l'ordre supérieur (59), ce qui a lieu pour
les nombres décimaux; de plus, chaque chiffre du reste
exprimant des unités du même ordre que celles des chiffres
qui l'ont fourni, le chiffre du reste qui provient de la colonne des unités exprimera des unités, donc c'est à sa droite
que doit être placée la virgule (124). Voici quelques exemples, dans lesquels les zéros ajoutés sont marqués par un
point.

| | | | |
|---|---|---|---|
| 638,230 | 6,003 | 1,000 | 0,080 |
| 287,847 | 5,800 | 0,974 | 0,057 |
| 550,383 | 0,203 | 0,026 | 0,023 |

### § III. *Multiplication des nombres décimaux.*

135. Si nous avions formé le produit de 428 par 637,
qui est 272636, et qu'on demandât le produit de 42,8 par
637, il suffirait de remarquer que le multiplicateur étant le
même, et le multiplicande étant dix fois plus petit (130)
que le premier, le produit demandé doit être dix fois plus
petit que le premier (67); on l'obtiendra donc en séparant
sur la droite de 272636 un chiffre décimal (130) ce qui
donnera 27263.6. Ainsi un chiffre décimal introduit au
multiplicande en introduit un au produit; d'où il suit qu'un
certain nombre de chiffres décimaux introduits au multiplicande en introduiront un pareil nombre au produit.
Comme le même raisonnement s'appliquerait au multiplicateur, on en conclura que chaque chiffre décimal introduit

soit au multiplicande, soit au multiplicateur, en introduit un au produit.

136. D'après cette observation, « pour faire la multi-
» plication de deux nombres dont l'un au moins contient
» des chiffres décimaux, on fait la multiplication comme
» si les deux nombres étaient des nombres entiers, et l'on
» sépare, sur la droite du produit trouvé, un nombre de
» chiffres décimaux égal à celui des chiffres décimaux qui
» se trouvent dans les nombres proposés. » En voici des
exemples :

| 42,547 | 0,508 | 0,875 |
|---|---|---|
| 6,38 | 0,0207 | 0,32 |
| 3 40376 | 2156 | 1750 |
| 12 7641 | 616 | 2625 |
| 255 282 | | |
| 271,44986 | 0,0063756 | 0,28000 |

137. Si les chiffres décimaux qui terminent le produit étaient des zéros, on pourrait les supprimer (152); alors le produit ne contiendrait plus autant de chiffres décimaux qu'il y en a dans les deux facteurs. Le 3ᵉ produit ci-dessus s'écrirait 0,28.

138. Si l'un des nombres est entier, il est clair que le produit aura autant de chiffres décimaux qu'il y en a dans l'autre facteur.

### § IV. *Division des nombres décimaux.*

139. Il peut se présenter trois cas : 1° Lorsque les deux nombres sont entiers ; 2° lorsque le diviseur est un nombre entier et le dividende un nombre décimal ; 3° lorsque le diviseur est un nombre décimal.

140. Lorsque le dividende et le diviseur sont des nombres entiers, le quotient doit être un nombre décimal, puisque sans cela ce serait une division de nombres entiers. Mais le dividende étant le produit du diviseur par le quotient, doit contenir autant de chiffres décimaux qu'il y en a dans le quotient (138); puisqu'il n'en contient pas,

c'est que tous ces chiffres étaient des zéros qui ont été supprimés (137), et il faudra les rétablir. De là cette règle
dont on voit l'application à la division de 19826 par 368.

```
19826,00.....| 368
    1426      |───────
    5220        53,875
    2760
    1840
       0
```

« On supposera à la suite du
» dividende une partie déci-
» male composée d'autant de
» zéros qu'il y aura de chiffres
» décimaux au quotient; puis
» on fera la division comme
» celle des nombres entiers;
» et, chaque chiffre du quo-
» tient étant toujours de même ordre que le dividende par-
» tiel qui le fournit, on placera la virgule sur la droite du
» chiffre du quotient qui provient du dividende partiel ex-
» primant des unités. » C'est ici le 5.

141. Dans l'exemple ci-dessus, la division s'est terminée
au 5ᵐᵉ chiffre décimal; mais elle pourrait se prolonger
beaucoup plus; dans ce cas on s'arrête lorsque les dernières unités obtenues au quotient sont assez petites pour
qu'on puisse négliger, sans erreur sensible, les unités inférieures. Mais alors, pour diminuer encore l'erreur, si le
premier des chiffres supprimés est 5 ou supérieur à 5, on
augmente d'une unité le dernier des chiffres conservés.

142. « Si le dividende est un nombre décimal et le divi-
» seur un nombre entier, on fera la division comme dans
» le cas précédent (140) et si après avoir employé tous les
» chiffres décimaux du dividende il y a un reste, on sup-
» posera des zéros à la suite des chiffres décimaux du di-
» vidende, et l'on continuera la division. « En voici deux
exemples.

```
12521,764|638        1758,45 |638
    1801  |───────      4824   |───────
    1937    46,723      3585     2,7561
     616                3950
     804                1220
       0                 582
```

Dans le second
exemple, en s'ar-
rêtant aux dix-mil-
lièmes, on pren-
drait pour quo-
tient 2,7562, par-
ce que le cinquiè-
me chiffre serait
plus grand que 5 (141).

143. « Lorsque le diviseur a des chiffres décimaux, on
» transporte dans le dividende et le diviseur, la virgule
» sur la droite d'autant de places que le diviseur contient
» de chiffres décimaux ; le diviseur devient alors un nom -
» bre entier, et l'opération est ramenée au premier ou au
» second cas ; d'ailleurs le quotient n'est pas changé (90)
» puisque le dividende et le diviseur sont devenus le
» même nombre de fois plus grands (127). » Ainsi pour
diviser 24,358 par 8,6 on divisera 243,58 par 86 ce qui
donnera 2,83 : pour diviser 731,5 par 0,836 on divisera
731500 par 836, ce qui donnera 875. Dans ce dernier
exemple on a ajouté deux zéros à la droite du dividende ce
qui a donné 731,500 et ne l'a pas changé (151).

144. « Lorsque le diviseur est un nombre entier ter-
» miné par des zéros et qu'il ne s'en trouve pas à la
» suite du dividende, on simplifie la division en suppri-
» mant ces zéros, et en avançant la virgule d'un nombre
» égal de places vers la gauche du dividende. (Si le divi-
» dende est entier la virgule est supposée à la droite des
» unités). » Le quotient ne sera pas changé, puisque le
dividende et le diviseur auront été rendus le même nombre de fois plus petits. S'il s'agit de diviser 90872 par
37000, on divisera 90,872 par 37 ce qui donnera 2,456 ;
pour diviser 136,08 par 2800, on divisera 1,3608 par 28,
ce qui donnera 0,0486.

# EXPOSÉ DU SYSTÈME MÉTRIQUE.

## DES MESURES.

**145.** *L'unité* lorsqu'on la compare à une quantité de son espèce reprend le nom de *Mesure*. On peut compter sept espèces de mesures principales : 1° les mesures de *Longueur* ; 2° les mesures de *Superficie* ; 3° les mesures de *Volume* ou de *Capacité* ; 4° les mesures de *Pesanteur* ; 5° les mesures de *Valeur* ; 6° les mesures de *Durée* ; 7° les mesures *Circulaires*. Nous ne parlerons pas de ces dernières.

**146.** Avant d'exposer ce que nous avons à dire sur les mesures, il est indispensable de donner une idée juste de la signification attachée à deux expressions que nous aurons à employer. Tout le monde connaît la figure d'une brique : ce corps présente 6 faces dont deux plus grandes, et 12 côtés dont 4 plus longs que les 8 autres. Si l'on conçoit que ces 8 côtés plus courts, sans changer de direction s'allongent au point de devenir aussi longs que les 4 grands, la figure que présenterait alors le corps est celle que l'on nomme un *cube*. Plaçons une brique sur une table, en la posant sur l'une de ses deux grandes faces ; approchons-en une seconde brique, disposée de la même manière, jusqu'à ce qu'elles se touchent dans le sens de leur longueur ; puis plaçons successivement au-dessus de chacune d'elles trois autres briques disposées comme les deux premières ; l'assemblage de ces huit briques offrira grossièrement la figure d'un *cube*. Un *dé à jouer* en offre une plus exacte : dans cette figure les six faces sont égales et les 12 côtés aussi. Chacune des faces est alors ce qu'on appelle un *carré*, figure dont les 4 côtés sont égaux, et les 4 angles égaux aussi.

**147.** Si l'on donne à chaque côté du carré *un mètre* de longueur, la surface comprise, limitée par les quatre côtés (et non pas la réunion des 4 côtés) s'appellera *un mètre carré*. Si chaque côté a *un pied* de longueur, la surface s'appellera *un pied carré*. Semblablement, un cube dont le côté a *un mètre* de longueur se nomme *un mètre cube*. Celui dont le côté a *un pied* de longueur sera *un pied cube*.

**148.** Il faut se rappeler avec soin que cette manière de parler ne s'emploie que quand le côté du carré ou du cube est *une* unité de longueur. Si le côté d'un carré avait *deux mètres* de côté, il faudrait dire : *un carré de deux mètres de côté,* et non pas *deux mètres carrés.* En effet on démontre en géométrie que *si le côté d'un carré vaut un certain nombre de fois le côté d'un autre, le produit de ce nombre par lui-même exprimera combien de fois la surface du premier carré vaut celle du second.* Ainsi le carré dont le côté aurait 2 mètres de longueur contiendrait 2 fois 2, ou 4 mètres carrés. Si le carré avait 10 mètres de côté, la surface contiendrait 10 fois 10, ou 100 mètres carrés. De même si le côté d'un cube est de *deux mètres,* on doit dire *un cube de deux mètres de côté* et non pas *deux mètres cubes.* On démontre en géométrie que *si le côté d'un cube vaut un certain nombre de fois le côté d'un autre, le produit de trois facteurs égaux à ce nombre exprimera combien de fois le volume du premier cube vaut celui du second.* Ainsi le cube qui a 2 mètres de côté contiendrait 2 fois 2, ou 4 multiplié par 2 c'est-à-dire 8 mètres cubes. Si le cube avait 10 mètres de côté, il contiendrait 10 fois 10, ou 100 multiplié par 10. c'est-à-dire 1000 mètres cubes.

149. Dans le système de mesures que nous allons exposer, et que l'on nomme *système métrique,* on s'est proposé : 1° de faire dépendre toutes les mesures de l'unité de longueur, par des rapports soumis à la loi décimale : 2° de suivre la même loi pour le rapport de chaque espèce d'unité avec ses multiples et ses subdivisions ; 3° de donner aux multiples et aux subdivisions de chaque espèce d'unité des noms qui fissent connaître leur rapport avec cette unité. Voici comment on y est parvenu.

150. L'unité de longueur, qui sert de base à tout le système, a reçu le nom de mètre, mot qui signifie *mesure.* Pour connaître le mètre il faut en avoir un sous les yeux. Chaque unité multiple est composée de dix unités immédiatement inférieures ; et chaque subdivision est le *dixième* de l'unité immédiatement supérieure. On a borné à quatre le nombre des multiples, et à trois celui des subdivisions. Pour nommer les multiples de chaque espèce d'unité on place devant le nom de cette unité principale les mots *déca, hecto, kilo, myria,* qui signifient respectivement *dix, cent, mille, dix mille ;* pour nommer les subdivisions de chaque espèce d'unité on place devant le nom de cette unité principale les mots *déci, centi, milli,* qui signifient respectivement *dixième, centième, millième.* On voit que ces noms indiquent le rapport de l'unité qu'ils expriment à l'unité

principale. Voici le tableau des diverses unités, avec leurs multiples et leurs subdivisions qui ne sont pas toutes usitées.

UNITÉS DE LONGUEUR.

**151.** L'unité principale est le MÈTRE.

| Myriam. | Kilom. | Hectom. | Décam. | Mètre. | Décim. | Centim. | Millim. |
|---|---|---|---|---|---|---|---|
| 10000m, | 1000m, | 100m, | 10m, | 1 | 0m,1 | 0m,10 | 0m,001 |

Le *myriamètre* et le *kilomètre* servent pour évaluer les grandes longueurs, et remplacent la *lieue* et le *mille*. La lieue de Belgique est de 5 kilomètres. Le *mètre* et ses subdivisions remplacent l'*aune*, la *toise*, le *pied*, etc.

UNITÉS DE SUPERFICIE.

**152.** On est convenu de prendre toujours pour unité de superficie le *carré* dont le côté serait l'unité de longueur ; ainsi l'unité de superficie principale est le *mètre carré* ; mais si l'on emploie le *myriamètre* ou le *kilomètre* pour unité de longueur, l'unité de superficie deviendra le *myriamètre carré* ou le *kilomètre carré* ; elle sera le *décimètre carré* si l'on prend le *décimètre* pour unité de longueur, etc.

**153.** Puisque le *décamètre* vaut 10 *mètres*, le *décamètre carré* vaudra (148) 100 *mètres carrés*, etc. De même, le *mètre carré* vaudra 100 *décimètres carrés*, 10000 *centimètres carrés*, etc. Il faut donc bien se garder de confondre le décimètre carré avec le dixième d'un mètre carré.

UNITÉS AGRAIRES.

**154.** Pour la superficie des champs, des prés, des bois, on a adopté une unité particulière ; c'est le *décamètre carré* qui prend, dans ce cas, le nom d'ARE et admet comme unité principale des multiples et des subdivisions.

Inusité.　　　　　　Inusité.　　　　　　Inusité.　　　　　　Inusité.
Myriare. Kilare. Hectare. Décare. ARE. Déciare. Centiare. Milliare.
0000ᵃ.　1000ᵃ.　100ᵃ.　10ᵃ.　1.　0ᵃ,1.　0ᵃ,01.　0ᵃ,001.

Il est évident (153) que le *centiare* est le *mètre carré*.

## UNITÉS DE VOLUME.

155. On est convenu de prendre pour unité de volume le *cube* dont le côté serait l'unité de longueur ; ainsi l'unité principale est le *mètre cube* ; mais on aura aussi le *décamètre cube*, le *décimètre cube*, etc., si l'on prend le *décamètre* ou le *décimètre*, etc., pour unité de longueur.

156. Puisque le *mètre* vaut 10 *décimètres* le *mètre cube* vaudra (148) 1000 *décimètres cubes*, etc.

## UNITÉS DE SOLIDITÉ.

157. Pour le bois, soit de charpente, soit de chauffage, et quelquefois pour la pierre à bâtir, la brique, etc., on emploie une unité de volume particulière qui se nomme *mesure de solidité* ; c'est le *mètre cube* qui prend alors le nom de STÈRE. Un seul multiple est en usage, le *décastère*, et une seule subdivision, le *décistère*.

## UNITÉS DE CAPACITÉ.

158. Pour les liquides et pour les grains, on a aussi adopté une unité particulière appelée *unité de capacité* ; c'est le *décimètre cube* qui prend alors le nom de LITRE. Ses multiples et subdivisions sont :

Inusité.
Myrial. Kilol. Hectol. Décal. LITRE. Décil. Centil. Millilitre.
10000ˡ.　1000ˡ.　1000ˡ.　10ˡ.　1.　0ˡ,1.　0ˡ,01.　0ˡ,001.

159. Remarquons que le mètre vaut 1000 litres (148).

## UNITÉS DE PESANTEUR.

160. On a pris pour unité de pesanteur le poids du *mil-*

*lilitre* (centimètre cube) d'eau pure, c'est-à-dire distillée à une température convenue. Cette unité se nomme GRAMME. Ses multiples et subdivisions sont :

Myriagr. Kilogr. Hectogr. Décagr. GRAMME. Décigr. Centigr. Milligr.
10000$^{gr}$. 1000$^{gr}$. 100$^{gr}$. 10$^{gr}$. 1. 0$^{gr}$,1. 0$^{gr}$,01. 0$^{gr}$,001.

161. Remarquons que le litre d'eau distillée pèse un kilogramme (148). 1000 kilogrammes ou le poids du *mètre cube* d'eau distillée forment le *tonneau de mer;* 100 kilogrammes forment le *quintal métrique.*

UNITÉS DE VALEUR.

162. On a pris pour unité de valeur une pièce d'argent allié d'un dixième de cuivre, et pesant 5 grammes. Cette unité se nomme FRANC. Les multiples ne sont pas usités, et elle n'a que les deux premières subdivisions que l'on nomme, par abréviation, *décime* et *centime.*

163. Observons que 20 francs en argent donnent le poids de l'*hectogramme,* et 200 francs celui du *kilogramme.*

UNITÉS DE DURÉE.

164. L'unité de durée est le *jour solaire,* ou le temps qui s'écoule entre deux levers ou deux couchers consécutifs du soleil (plus exactement d'un midi au suivant). Les multiples ne sont pas usités; on emploie pour unités supérieures la *semaine,* le *mois,* l'*année,* le *siècle,* qui ne suivent pas la loi décimale. Pour les subdivisions, on partage le jour en 10 *heures,* l'heure en 100 *minutes,* et chaque minute en 100 *secondes.* Cette subdivision, employée dans l'astronomie et la marine, étant incommode pour les usages de la vie civile, on a conservé l'ancienne méthode d'après laquelle le jour se partage en 24 *heures,* chaque heure en 60 *minutes* et chaque minute en 60 *secondes.*

# ÉLÉMENTS D'ARITHMÉTIQUE.

## SECONDE PARTIE.

---

## CHAPITRE PREMIER.

### FRACTIONS ORDINAIRES.

**§ I.** *Observations préliminaires.*

**1° Double signification d'une expression fractionnaire.**

165. D'après ce qui a été dit (115), le dénominateur d'une fraction exprime en combien de parties on suppose que l'unité soit divisée, et le numérateur fait connaître combien il faut réunir de ces parties pour former la quantité que doit représenter la fraction. Mais on peut dire aussi que *si l'on suppose la quantité exprimée par le numérateur partagée en autant de parties que le dénominateur renferme d'unités, la fraction représentera une de ces parties.* Ainsi, par exemple, la fraction 4/5, qui exprime que l'unité est divisée en 5 parties égales, et que l'on réunit 4 de ces parties, représentera aussi une des parties que l'on obtiendrait en partageant 4 unités en 5 parties égales.

166. En effet, supposons les 4 unités écrites séparément, et partageons chacune d'elles en 5 parties égales que nous représenterons par des unités plus petites, comme on le voit dans le tableau ci-joint :

$$
\begin{array}{cccc}
1 & 1 & 1 & 1 \\
1 & 1 & 1 & 1 \\
1 & 1 & 1 & 1 \\
1 & 1 & 1 & 1 \\
1 & 1 & 1 & 1 \\
1 & 1 & 1 & 1 \\
\end{array}
$$

chacune des petites unités vaudra un cinquième, et toutes

ensemble vaudront les 4 unités entières. Or le tableau
formé par les petites unités renferme cinq lignes pareilles;
chacune d'elles vaut donc le cinquième du tableau, ou le
cinquième des 4 unités entières ; mais chaque ligne se
compose de 4 petites unités, et vaut par conséquent 4 cinquièmes d'unité: donc le cinquième de 4 unités est la même
chose que 4 cinquièmes d'unité; donc la fraction 4/5, qui
représente cette dernière quantité, représentera aussi la
première. On sent facilement que ce raisonnement est ap-
plicable à toute autre fraction.

167. Puisqu'un des objets de la division est de partager
le dividende en autant de parties égales que l'indique le
diviseur, et que le quotient exprime la valeur d'une de ces
parties (87), il suit, de ce qui précède que le quotient d'un
nombre par un autre peut se représenter par une expression
fractionnaire qui aurait le *dividende* pour *numérateur*, et
le *diviseur* pour dénominateur. Par exemple le quotient
de 24 par 8 peut se représenter par 24/8.

### 2° Des signes et de leur emploi

168. Il est souvent utile en arithmétique de pouvoir reconnaître la série des opérations par lesquelles on est arrivé au résultat que l'on cherchait. Pour y parvenir plus
facilement, on a imaginé des caractères destinés à indiquer
seulement les opérations par lesquelles on doit combiner
les nombres; ces caractères se nomment *signes*, et sont les
suivants :

169. Pour indiquer l'addition, on emploie ce signe (+)
qui s'énonce *plus;* ainsi 8 + 4 indique la somme des deux
nombres 8 et 4, et s'énonce 8 *plus* 4.

170. Pour indiquer la soustraction, on emploie ce
signe (—) qui s'énonce *moins;* on place devant lui le nombre dont on veut ôter un autre nombre, et celui-ci se place
après le signe ; ainsi 15 — 6 fait connaître que de 15 on
veut ôter 6, et s'énonce 15 *moins* 6.

171. La multiplication s'indique par ce signe (×) qui
s'énonce *multiplié par*, et que l'on place entre les deux
facteurs, le multiplicande devant, et le multiplicateur après;

on peut aussi remplacer le signe par un simple point ; ainsi le produit de 16 par 8 peut s'indiquer en écrivant $16 \times 8$, ou 16.8, expression qui s'énonce 16 *multiplié par* 8.

172. La division peut s'indiquer en écrivant le diviseur à la suite du dividende, et les séparant par *deux points*; ainsi le quotient de 648 par 24 s'écrira 648 : 24; cependant on préfère généralement indiquer le quotient par une expression fractionnaire ayant pour numérateur le dividende, et pour dénominateur le diviseur (167); on écrira donc $\frac{648}{24}$; mais au lieu d'énoncer 648 vingt-quatrièmes, on énoncerait 648 *divisé par* 24.

173. On emploie encore ce signe (=) pour marquer l'égalité des résultats de deux opérations, ou, en général, l'égalité de deux expressions qui présentent le même nombre sous des formes différentes. On écrira, par exemple, $8 + 6 = 18 - 4$; ce qui s'énoncera : 8 *plus* 6 *égale* 18 *moins* 4. On aurait de même, $4 \times 3 = 12$; $2 + 3 = \frac{20}{4}$.

174. Le signe $+$ et le signe $-$ portent sur l'ensemble des nombres qui les précèdent, et non pas sur le dernier seulement : ainsi $15 - 4 + 6$ signifie qu'il faut ajouter 6 à la différence de 15 et de 4, ce qui donne 17; $18 - 7 - 5$ exprime qu'il faut retrancher 5 de la différence des nombres 18 et 7, ce qui donne 6.

175. Au contraire, le signe $+$ et le signe $-$ ne portent jamais que sur le terme qui les suit immédiatement ; ainsi $18 - 7 + 5$ signifie qu'il faut ôter 7 de 18, et augmenter de 5 le reste trouvé, ce qui donne 14. Si l'on voulait exprimer qu'il faut retrancher de 18 la somme des nombres 7 et 3, ou $7 + 3$, on placerait ces deux nombres dans une parenthèse, de cette manière : $18 - [7 + 3]$, ce qui donnerait pour reste 8. L'emploi de la parenthèse fait alors porter la signification du signe sur l'ensemble des nombres placés entre les crochets. De même, pour indiquer qu'il faut ôter de 24 le nombre représenté par $12 - 4$, on écrirait $24 - [12 - 4]$, ce qui donnerait 16.

176. Bien que le signe $+$ ne porte semblablement que sur le nombre qui le suit immédiatement, lorsque celui-ci est lié à d'autres par le signe $+$ ou le signe $-$, on peut tou-

jours se dispenser d'employer une parenthèse après ce
signe. En effet, si nous voulons ajouter à 23 le nombre 7
+ 6, ce qui devrait s'écrire 23 + [7 + 6], nous dirons :
pour ajouter 7 à 23 nous écririons 23 + 7 ; mais si nous
ajoutons 6 de plus que 7, la somme devra surpasser celle-
ci de 6 unités ; nous l'obtiendrons donc en augmentant de
6 la première, ce qui se fera en écrivant 23 + 7 + 6 (174).
De même, pour ajouter à 16 le nombre 8 — 3, nous dirons : pour ajouter 8 à 16, nous écririons 16 + 8 ; or, si
nous ajoutons 3 unités de moins que 8, nous devons trouver une somme moindre de 3 ; nous aurons donc cette somme
en retranchant 3 de la première, ce qui se fera en écrivant
16 + 8 — 3 (174).

177. Le signe $\times$ placé après une suite de nombres liés
par les signes + ou —, ou avant une suite de nombres
liés de la même manière, ne porte jamais que sur le nombre qui le précède et sur celui qui le suit immédiatement;
par conséquent, si l'on veut étendre son action sur une suite
de nombres liés par les signes + ou —, il faut les enfermer
dans une parenthèse. Ainsi 8 + 4 $\times$ 5 — 3 exprimera
qu'il faut à 8 ajouter le produit de 4 par 5 et retrancher 3
de la somme, ce qui donnera 25; [8 + 4] $\times$ 5 — 3 exprimera qu'il faut multiplier par 5 la somme de 8 et de 4,
puis retrancher 3 du produit, ce qui donne 57; 8 + 4 $\times$
[5 — 3] exprime qu'il faut ajouter à 8 le produit de 4 par
la différence de 5 à 3, ce qui donne 16; enfin [8 + 4] $\times$
[5 — 3] exprime que l'on veut multiplier la somme de 8 et
de 4 par la différence de 5 à 3, ce qui donne 24.

178. Ce que nous venons de dire pour la multiplication
s'applique également à la division, quand on indique cette
opération par les *deux points*.

### 3o Permutations des facteurs d'un produit.

179. *Lorsqu'on doit former un produit par la multiplication de plusieurs nombres entiers, le produit reste le même,
quel que soit l'ordre dans lequel on prend les facteurs.* Ce
principe a déjà été établi pour *deux* facteurs (81); nous allons

démontrer qu'il en est de même pour un plus grand nombre de facteurs.

Supposons d'abord que l'on ait à multiplier les trois facteurs 8, 7, 4. 1° On peut faire l'opération dans cet ordre : $8 \times 7 \times 4$. 2° Le produit $8 \times 7$ étant (81) le même que $7 \times 8$, on trouvera le même résultat en opérant dans cet ordre : $7 \times 8 \times 4$. Pour multiplier un produit par 4, c'est-à-dire le rendre 4 fois plus grand, on peut (66) rendre le multiplicande 4 fois plus grand, et multiplier le résultat par le multiplicateur ; donc le premier produit peut s'obtenir en multipliant d'abord 8 par 4, puis le résultat par 7 ; ce qui donne 5° cet ordre : $8 \times 4 \times 7$. 4° Par la même raison, le second produit s'obtiendra encore dans cet ordre : $7 \times 4 \times 8$. 5° Le produit $8 \times 4$ étant le même que $4 \times 8$, on aura toujours le 5° produit en opérant dans cet ordre : $4 \times 8 \times 7$. Enfin, 6° le produit $7 \times 4$ étant le même que $4 \times 7$, le 4° produit s'obtiendra en opérant dans l'ordre : $4 \times 7 \times 8$. On voit donc, en résumant, que *l'on obtiendra toujours le même nombre pour produit, en prenant pour multiplicateur celui des trois facteurs que l'on voudra, et pour multiplicande le produit des autres, combinés de quelque manière que ce soit.*

Admettons un quatrième facteur 9 ; d'abord nous pouvons multiplier dans cet ordre : $8 \times 7 \times 4 \times 9$, c'est-à-dire en prenant, à la dernière opération, pour multiplicateur 9, et pour multiplicande $8 \times 7 \times 4$. Comme nous venons de voir que ce multiplicande ne changera pas, quel que soit l'ordre dans lequel on multipliera les facteurs 8, 7, 4, nous pouvons dire qu'on obtiendra toujours le même nombre pour dernier produit en prenant pour multiplicateur 9, et pour multiplicande le produit des autres facteurs combinés de toutes les manières possibles.

Maintenant, parmi tous ces multiplicandes, considérons l'un de ceux où le dernier facteur est 4 ; par exemple, $8 \times 7 \times 4$ ; ce nombre étant le produit de $8 \times 7$ par 4, si au lieu de le multiplier par 9, nous multiplions d'abord le multiplicande $8 \times 7$ par 9, puis le résultat $8 \times 7 \times 9$ par le multiplicateur 4, nous avons toujours (66) le même résultat; et comme en combinant les facteurs 8, 7, 9 de toutes les manières possibles, leur produit ne changera pas, nous en conclurons que l'on peut obtenir le produit $8 \times 7 \times 4 \times 9$ en prenant pour multiplicateur 4, et pour multiplicande le produit des trois autres facteurs 8, 7, 9, combinés de toutes les manières possibles. On démontrerait de même que l'on arriverait au même résultat en prenant pour multiplicateur 7, et pour multiplicande le produit des trois autres facteurs 8, 4, 9, combinés de toutes les manières possibles; puis en prenant pour multiplicateur 8, et pour multiplicande le produit des trois autres facteurs 7, 4, 9, combinés comme on voudra; donc nous dirons pour 4 facteurs, comme nous l'avons dit pour 3, que *l'on obtiendra toujours le même nombre pour produit, en prenant pour multiplicateur celui des facteurs que l'on voudra, et pour multiplicande le produit de tous les autres combinés de quelque manière que ce soit.*

Il est facile de voir que le même raisonnement s'appliquerait au cas où l'on aurait 5 facteurs, puis 6, etc.; ce qui établit le principe énoncé au commencement de cet article.

180. Il résulte de là, et de la définition de la division (85), que le produit d'un nombre quelconque de facteurs entiers étant divisé par l'un d'eux, on obtiendra pour quotient le produit des autres facteurs, produit qui est évidemment un nombre entier.

181. Lorsqu'en divisant un nombre par un autre on obtient pour quotient un nombre entier, on exprime cette propriété en disant que le premier nombre est *exactement divisible* par le second, expression qui revient à dire que le premier nombre est un *multiple* du second (84).

§ II. *Changements qu'éprouve une fraction quand on multiplie ou qu'on divise ses termes (118) par un nombre entier.*

182. Si l'on multiplie par un nombre entier le numérateur d'une fraction, elle deviendra ce nombre de fois plus

*grande.* En effet, si, par exemple, on multiplie par 5 le numérateur d'une fraction, la nouvelle fraction, ayant un numérateur 5 fois plus grand, renfermera 5 fois plus de parties d'unité que la première (115), les parties restant les mêmes dans l'une et dans l'autre, puisque le dénominateur n'est pas changé (115); par conséquent, elle sera 5 fois plus grande. Ainsi pour rendre 5 fois plus grande la fraction 2/27, il suffit de multiplier par 5 son numérateur 2, ce qui donne 10/27.

183. Il suit évidemment de là que si *l'on divise le numérateur d'une fraction par un nombre entier, cette fraction deviendra ce nombre de fois plus petite.* En effet, si l'on divise par 4 le numérateur de la fraction 12/17, la fraction 3/17 qu'on obtiendra sera 4 fois plus petite, puisqu'en multipliant son numérateur par 4, ce qui la rendrait 4 fois plus grande (182), on retrouverait la première fraction 12/17 (85).

184. *Si l'on multiplie par un nombre entier le dénominateur d'une fraction, elle deviendra ce nombre de fois plus petite.* En effet, si l'on multiplie le dénominateur d'une fraction par 4, le dénominateur de la nouvelle fraction, étant 4 fois plus grand, exprimera que l'on suppose l'unité partagée en 4 fois plus de parties (115), ce qui revient à dire que l'on a partagée en quatre chacune des premières parties; les nouvelles parties seront donc 4 fois plus petites que les premières; et comme la fraction nouvelle n'en contient pas plus que la première, puisque le numérateur (115) est resté la même, elle aura une valeur 4 fois plus petite. Par exemple, si nous multiplions par 4 le dénominateur de la fraction 3/5, elle deviendra 3/20, c'est-à-dire que les trois parties dont le numérateur exprime la réunion seront des vingtièmes d'unité, au lieu d'être des cinquièmes; chacune d'elles sera donc 4 fois plus petite qu'une des premières, puisqu'on les aura obtenues en partageant chacune des premières en quatre.

185. Il suit de là que si *l'on divise par un nombre entier le dénominateur d'une fraction, elle deviendra ce nombre de fois plus grande.* Car, par exemple, si nous di-

visons par 2 le dénominateur de la fraction 5/16, ce qui donnera 5/8, en multipliant par 2 le dénominateur de cette dernière, ce qui la rendrait 2 fois plus petite (184), nous retrouverions 5/16 (85).

186. On peut conclure des quatre articles précédents que *si l'on multiplie, ou si l'on divise par un même nombre, les deux termes d'une fraction, cette fraction conservera la même valeur*, puisque l'opération faite sur le dénominateur produit un changement égal et contraire à celui qui résulte de l'opération faite sur le numérateur.

187. On peut encore en conclure qu'*en divisant par un nombre l'un des termes d'une fraction, on produit le même effet qu'en multipliant l'autre par le même nombre.*

### § III. *Expression d'un nombre entier sous forme fractionnaire.*

188. *Mettre un nombre entier sous forme fractionnaire, c'est, en supposant l'unité partagée en un nombre de parties égales donné, trouver combien le nombre entier vaudrait de ces parties.*

189. Soit proposé d'exprimer 7 en *huitièmes ;* le nombre 8 qui servira de dénominateur exprimant combien chaque unité contient de parties égales, le nombre entier 7 vaudra autant de fois ce nombre de parties qu'il renferme d'unités, c'est-à-dire 7 fois 8 ou 56 ; l'expression fractionnaire demandée sera donc 56/8. De là cette règle : « Pour « mettre un nombre entier sous forme fractionnaire, il faut « multiplier par ce nombre le dénominateur que l'on veut « donner à l'expression cherchée ; le produit sera le numé- « rateur. »

### § IV. *Extraction des unités entières contenues dans une expression fractionnaire.*

190. Lorsque le numérateur d'une expression fraction-naire est égal à son dénominateur, cette expression vaut l'unité, puisqu'on rassemble autant de parties qu'en contient l'unité. Si le numérateur est plus grand que le dénomina-

teur, l'expression contient une ou plusieurs unités et en général des parties d'unité. *Déterminer le nombre de ces unités est ce que l'on appelle extraire les unités entières contenues dans l'expression donnée.*

191. Soit proposé d'extraire les unités contenues dans l'expression 45/7. Puisque pour former une unité, il faut réunir 7 septièmes, autant de fois 7 sera contenu dans 45, autant nous aurons d'unités entières ; il y est 6 fois, ainsi le nombre des unités sera 6 ; et comme elles ne forment que 42/7 (189), il y aura en outre 3/7. D'après ce raisonnement, « pour extraire les unités entières contenues dans « une expression fractionnaire, il faut diviser le numéra-« teur par le dénominateur ; le quotient exprimera le « nombre des unités entières, et le reste, s'il y en a un, le « nombre des parties d'unité. »

### § V. *Réduction d'une fraction à une plus simple expression.*

192. Nous avons vu (186) que lorsqu'on divisait les deux termes d'une fraction par un même nombre, elle ne changeait pas de valeur ; mais alors elle est exprimée par des nombres plus petits, et c'est ce qu'on appelle la *réduire à une plus simple expression.* Toutes les fois qu'il est possible de diviser ainsi les deux termes d'une fraction par un même nombre, il faut le faire. Lorsque les deux termes ne peuvent plus être divisés à la fois par le même nombre, on dit que la fraction est *réduite à sa plus simple expression.* Nous donnerons, un peu plus loin (236), le moyen de réduire une fraction à sa plus simple expression ; jusque-là nous nous bornerons à diviser les deux termes par les diviseurs communs que nous apercevrons.

### § VI. *Réduction des fractions au même dénominateur.*

193. *Réduire plusieurs fractions au même dénominateur, c'est leur substituer d'autres fractions respectivement équivalentes aux premières, et qui aient toutes le même dénominateur.*

194. Pour faire cette opération, « on cherche un nombre « exactement divisible (181) par tous les dénominateurs; « on divise ce nombre successivement par tous les dénomi- « nateurs, et l'on écrit chaque quotient près de la fraction « dont le dénominateur a servi de diviseur; puis on multiplie « les deux termes de chaque fraction par le quotient cor- « respondant. » En effet, 1° les nouvelles fractions seront équivalentes aux premières, puisque les deux termes de chacune de celles-ci auront été multipliés par le même nombre (186); 2° elles auront toutes pour dénominateur le nombre divisible par tous les dénominateurs, puisque le produit d'un diviseur par le quotient est égal au divi- dende (85).

195. Pour trouver un nombre exactement divisible par plusieurs nombres donnés, il existe différents procédés. Le premier serait de faire le produit de tous ces nombres (180).

Ainsi pour réduire au même dénominateur les fractions 7/8, 3/5, 4/9, 2/7, je multiplierai 8 par 5, ce qui donnera 40; ce nombre multiplié par 9, donnera 360, dont le pro- duit par 7 sera 2520. Ce nombre sera exactement divisible par tous les dénominateurs.

| 7/8 | 3/5 | 4/9 | 2/7 |
|---|---|---|---|
| 315 | 504 | 280 | 360 |
| 2205/2520 | 1512/2520 | 1120/2520 | 720/2520 |

Je le divise par 8, et j'écris le quotient 315 sous 7/8; je le divise par 5, et je place le quotient 504 sous 3/5; je le divise par 9, et je mets le quotient 280 sous 4/9; enfin je le divise par 7, et j'écris le quotient 360 sous 2/7. Multi- pliant alors les deux termes de chaque fraction par le quo- tient correspondant, j'obtiens les fractions équivalentes 2205/2520, 1512/2520, 1120/2520, 720/2520, qui ont toutes le même dénominateur.

196. Quand on prend ainsi pour dénominateur commun le produit de tous les dénominateurs, le quotient de ce nombre par un dénominateur est le produit de tous les autres (180); on voit alors que, pour réduire les fractions à ce dénominateur commun, il suffit « de multiplier les deux

« termes de chaque fraction par le produit des dénomina-
« teurs de toutes les autres. » Mais il existe dans la plupart
des opérations de cette sorte plusieurs nombres moindres
que ce produit, et divisibles exactement par tous les dénominateurs ; il est avantageux, pour simplifier les calculs,
de prendre le plus petit. Nous indiquerons (249) un moyen
direct de le trouver. En attendant, nous suivrons le procédé
suivant qui est souvent le plus expéditif dans la pratique.
« On prend le plus grand dénominateur, et l'on marque
« tous ceux qui peuvent le diviser exactement ; s'il en reste
« qui ne le divisent pas, on le double, on le triple, etc., jus-
« qu'à ce qu'on arrive à un résultat divisible par un nouveau
« dénominateur ; alors on opère de même sur ce résultat, et
« ainsi de suite, jusqu'à ce qu'on ait un nombre divisible
« exactement par tous les dénominateurs. » On verra une application de ce procédé dans les deux paragraphes suivants.

### § VII. *Addition des fractions.*

**197.** L'addition des fractions a pour objet de réunir
toutes les parties d'unité contenues dans plusieurs fractions,
afin d'obtenir un seul nombre qui ait la même valeur que
toutes les fractions ensemble.

**198.** Comme on ne peut additionner que des nombres
de même espèce, il est d'abord évident qu'on ne peut additionner des fractions si elles n'ont pas le même dénominateur ; on ne peut pas plus ramener à un seul nombre 2/3
et 3/4 que 2 hommes et 3 chevaux. Par conséquent si les
fractions proposées ont des dénominateurs différents, il
faudra d'abord les réduire au même dénominateur (194).
Puis, comme les numérateurs expriment combien chaque
fraction contient de parties d'unité, il faudra faire la somme
de tous les numérateurs ; et enfin, comme la somme dans
l'addition exprime toujours des unités de même espèce que
celles des nombres qu'on ajoute, on lui donnera le dénominateur commun à toutes les fractions. L'addition ainsi
terminée, il faudra encore, ce qui se fait après toutes les
opérations sur les fractions, extraire les unités entières s'il
s'en trouve (190), et réduire, si cela se peut, la fraction qui

s'y trouve jointe à une plus simple expression (192).

199. D'après ces observations, voici la règle à suivre pour ajouter plusieurs fractions : « Écrivez les fractions « proposées les unes au-dessous des autres; si elles n'ont « pas le même dénominateur, cherchez leur dénominateur « commun ; écrivez ce nombre à la droite des fractions et « un peu au-dessus; divisez-le successivement par chaque « dénominateur, et écrivez le quotient à droite de la frac- « tion. Multipliez ensuite les deux termes de chaque « fraction par le quotient correspondant, et écrivez le ré- « sultat à droite des quotients, de manière que les numé- « rateurs des nouvelles fractions soient les uns au-dessous « des autres. Faites alors la somme de ces numérateurs et « donnez-lui le dénominateur commun à toutes les frac- « tions. Extrayez les unités entières s'il y en a, et « réduisez la fraction à une plus simple expression, si cela « se peut. »

Voici un exemple qui montre la disposition de l'opération. Soit proposé d'ajouter les fractions 2/3, 5/8, 7/12, 7/9, 5/6. Pour trouver leur dénominateur commun je prends le plus grand, 12; il est divisible par 6 et par 3, mais il ne l'est ni par 9 ni par 8 ; je double 12, ce qui donne 24, divisible par 8, mais non par 9. Comme j'ai rencontré un nouveau diviseur, je laisse 12 et je double 24, ce qui donne 48, non divisible par 9; alors je triple 24, en ajoutant 24 à 48, ce qui donne 72, divisible par 9, et qui sera le dénominateur commun.

```
                                              72
    12 div. par 6 et 3        2/3     24     48/72
    12
    ─────                      5/8      9     45/72
    24 div. par 8
    24                        7/12      6     42/72
    ─────
    48 non div. par 9         7/9       8     56/72
    24
    ─────                      5/6     12     60/72
    72 div. par 9
                            ─────────────────────────
                                              251 | 72
                        3   35/72              ──────
                                               35 | 3
```

On peut, pour abréger, n'écrire le dénominateur commun qu'à la suite du premier numérateur.

## § VIII. *Soustraction des fractions.*

200. La soustraction des fractions consiste à ôter du nombre de parties d'unité exprimé par une fraction, le nombre de parties d'unité exprimé par une autre. Comme on ne peut soustraire l'un de l'autre que des nombres dont les unités sont de même nature, il est évident que la soustraction des fractions ne peut s'effectuer que si les fractions ont le même dénominateur ; puis, comme les numérateurs expriment le nombre de parties que contient chaque fraction, on prendra la différence des numérateurs, et, comme les unités du reste doivent être de même espèce que celles des nombres sur lesquels on a opéré, on donnera à cette différence le dénominateur commun. L'opération ainsi terminée, il restera encore à réduire la fraction à une plus simple expression si cela est possible.

201. D'après ces observations, pour soustraire une fraction d'une autre, suivez cette règle : « Écrivez la plus « petite fraction sous la plus grande ; réduisez-les au « même dénominateur (194), si elles ne l'ont pas, en dis- « posant l'opération comme dans l'addition ; retranchez « ensuite le plus petit numérateur du plus grand ; donnez « au reste le dénominateur commun, et réduisez la frac- « tion ainsi obtenue à une plus simple expression si cela « se peut (192). »
En voici un exemple :

<pre>
            45                 15
                               15
13/15    3   39/45           ─────
                             30 non divisible par 9.
 4/9     5   20/45           15
───────────────────         ──────
19/45        19/45          45 divisible par 9.
</pre>

## § IX. *Multiplication des fractions.*

202. On comprend sous ce nom deux opérations très différentes : 1° la multiplication d'une fraction par un nombre entier; 2° ce qu'on appelle très improprement la multiplication d'un nombre par une fraction.

203. 1° Multiplier une fraction par un nombre entier, c'est répéter le nombre de parties d'unité exprimé par une fraction autant de fois que l'indique le nombre entier. Si, par exemple, il s'agissait de multiplier 3/8 par 6, il est clair, d'après cette définition, qu'il suffirait d'additionner 6 fractions égales à 3/8 ; mais alors on aurait (199) à ajouter 6 nombres égaux au numérateur 3, et par conséquent la somme se trouverait en multipliant par 6 le numérateur 3 (61); puis on donnerait à ce résultat le dénominateur commun à toutes les fractions, qui est celui de la fraction qu'il faut multiplier (199). D'où nous conclurons la règle qui suit :

204. « Pour multiplier une fraction par un nombre « entier, multipliez son numérateur par le nombre entier, « et donnez au produit le dénominateur de la fraction; « vous extrairez ensuite les unités entières s'il y en a (190), « et vous réduirez la fraction à une plus simple expression, « si cela se peut (192). »

Pour multiplier 3/8 par 6, nous aurons en suivant cette règle 18/8, ou 2 unités 2/8, ou 2 unités 1/4.

205. Si le nombre par lequel on multiplie la fraction était égal au dénominateur de celle-ci, le produit serait le numérateur; car il faudrait d'abord multiplier le numérateur par le dénominateur (204), et ensuite, pour extraire les unités entières, diviser ce produit par le dénominateur (190), ce qui donnerait pour quotient le numérateur (85).

206. Nous avons reconnu (187) qu'au lieu de multiplier l'un des termes d'une fraction par un nombre entier, on pouvait diviser l'autre terme par ce même nombre. D'après cela, lorsque le dénominateur de la fraction multiplicande peut être divisé par le multiplicateur, on effectue la divi-

sion, ce qui abrége l'opération. Ainsi, pour multiplier 4/15 par 3, nous diviserons le dénominateur 15 par 3, ce qui donnera 4/5 pour le produit cherché.

207. 2° L'opération que l'on nomme multiplication par une fraction, a pour objet de trouver le résultat que l'on obtiendrait, si l'on partageait le multiplicande en autant de parties égales que l'indique le dénominateur de la fraction, et si l'on réunissait ensuite autant de ces parties égales qu'il y a d'unités dans le numérateur de la fraction. Ainsi, ce qu'on appelle multiplier 12 par 3/4, c'est partager 12 en 4 parties égales, et trouver le résultat qu'on obtiendrait en réunissant 3 de ces parties. Il est clair que pour exprimer la valeur d'une des parties, il suffit de donner à 12 le dénominateur 4 (165), et l'on aura 12/4; puis pour obtenir la valeur de 3 de ces parties, il faut multiplier 12/4 par 3, ce qui se fera en multipliant le numérateur 12 par 3 (204) et l'on aura 36/4, ou, en extrayant les unités entières (190), 9.

208. Si le nombre à multiplier par une fraction était lui-même une fraction, si, par exemple, il s'agissait de multiplier 8/9 par 3/4, c'est-à-dire de partager 8/9 en 4 parties égales, et de réunir 3 de ces parties, on aurait la valeur d'une de ces parties en multipliant par 4 le dénominateur de la fraction multiplicande (184), (puisque chaque partie doit être 4 fois plus petite que la fraction), ce qui donnerait 8/36; puis l'on obtiendrait la valeur de 3 parties en multipliant cette fraction par 3, ce qui donnerait 24/36 (204), ou en divisant les deux termes par 12, pour réduire à une plus simple expression, 2/3.

209. De ces raisonnements nous déduirons la règle suivante : « Pour multiplier un nombre entier par une frac-« tion, on multiplie ce nombre par le numérateur de la « fraction, et l'on donne au produit le dénominateur de la « fraction. Pour multiplier une fraction par une autre, « on multiplie les numérateurs l'un par l'autre, et les dé-« nominateurs aussi l'un par l'autre. On fait ensuite l'ex-« traction des unités entières, s'il y en a (190); et l'on réduit « à une plus simple expression, si cela se peut (192). »

210. Le résultat obtenu (207) est le même que celui qu'on trouverait en multipliant 3/4 par 12 (204); c'est là ce qui a fait conserver à la première opération le nom de multiplication. On voit encore que le résultat obtenu (208) serait le même si, au lieu de multiplier 8/9 par 3/4, on eût multiplié 3/4 par 8/9. Donc le principe établi (179) relativement à la permutation entre les facteurs d'un produit, subsiste encore lorsque parmi les facteurs il s'en trouve qui soient fractionnaires.

211. D'après la règle (209) si l'on multiplie une fraction par cette même fraction renversée, c'est-à-dire par une autre fraction qui aurait pour numérateur le dénominateur de la première, et pour dénominateur le numérateur de la première, le produit sera l'unité; car alors on obtiendra une expression fractionnaire dans laquelle le numérateur sera égal au dénominateur (81).

212. Si, après avoir multiplié un nombre par une fraction, on multiplie le produit par cette même fraction renversée, on retrouvera toujours le nombre multiplicande; car on doit trouver le même résultat (210) que si l'on multipliait d'abord la fraction par cette fraction renversée, ce qui donnerait l'unité (211), et ensuite ce résultat par le nombre proposé, ce qui donnerait ce nombre lui-même.

213. Multiplier par une fraction, 5/6 par exemple, est encore ce que l'on appelle prendre les 5/6 du multiplicande; cela est évident d'après la définition que nous avons donnée de cette expression : *multiplier par une fraction*. Par conséquent, *multiplier un nombre par une fraction*, c'est prendre seulement une portion de ce nombre. Donc, dans cette expression, le mot *multiplier* n'a plus la signification qu'on y attache ordinairement dans la conversation. Pour que le mot *multiplication* puisse s'appliquer dans la même acception à un nombre entier et à une fraction, on a attaché à ce mot, en arithmétique, une idée plus générale; et l'on définit la multiplication : *Une opération par laquelle on forme un nombre, appelé* PRODUIT, *en faisant sur un nombre donné, appelé* MULTIPLICANDE, *les opérations qu'il faut faire sur l'unité pour former*

*un autre nombre aussi donné*, nommé MULTIPLICATEUR.

Cette définition convient aux deux cas; en effet, s'il faut multiplier le nombre 24 par 16, le produit sera formé avec 24 comme 16 est formé avec l'unité; c'est-à-dire en réunissant 16 nombres égaux à 24 (61); s'il faut multiplier 24 par 3/8, comme 3/8 est formé en partageant l'unité en 8 parties égales et réunissant 3 de ces parties (115), le produit sera formé en partageant 24 en 8 parties égales, et réunissant 3 de ces parties (207).

### § X. *Division des fractions.*

214. La division des fractions a pour objet de trouver l'un des facteurs d'un produit quand on connaît l'autre, lorsque l'un de ces facteurs, au moins, est une fraction. Le diviseur peut être entier ou fractionnaire, et il en est de même du dividende.

Lorsque le diviseur est entier, il est nécessairement plus grand que le dividende; car l'autre facteur, qui est le quotient, devra être une fraction, et par conséquent le dividende, étant le produit du diviseur par une fraction doit être moindre que le diviseur (213).

215. Si le dividende et le diviseur sont tous deux des nombres entiers, « on donne le diviseur pour dénominateur « au dividende. » En effet, la fraction ainsi obtenue, étant multipliée par le diviseur, donnera pour produit le dividende (205). Ainsi, 8 divisé par 12, donnera 8/12 ou 2/3.

216. Si le dividende est fractionnaire et le diviseur entier, « on multiplie le dénominateur du dividende par le « diviseur. » En effet, on obtiendra ainsi une fraction qui multipliée par le diviseur (206) donnera pour produit le dividende. Par exemple, 4/5 divisé par 6 donne 4/30 ou 2/15.

217. Si le diviseur est fractionnaire, « on multiplie le « dividende par la fraction diviseur renversée. » En effet, le nombre ainsi obtenu, étant multiplié par le diviseur, donnera pour produit le dividende (212). Ainsi pour diviser 28 par 4/5, nous multiplierons 28 par 5/4, ce qui donnera 140/4 ou 35. Pour diviser 8/15 par 2/3, nous mul-

tiplierons 8/15 par 3/2, ce qui donnera 24/30, ou 4/5.

218. Dans ce dernier exemple, on aurait pu diviser chacun des deux termes du dividende par le terme correspondant du diviseur, ce qui aurait donné également 4/5. En sorte que l'on pourrait dire que, pour diviser une fraction par une autre, il faut diviser les numérateurs l'un par l'autre, ainsi que les dénominateurs, ce qui s'accorde d'ailleurs avec la règle donnée (209) pour multiplier une fraction par une autre. Mais comme, par suite de la réduction à une plus simple expression, la division ne pourrait pas toujours s'effectuer, on ne doit pas faire de ce procédé une règle générale ; néanmoins il est mieux de l'employer quand on voit que les deux divisions sont possibles. C'est encore ce qu'il faut faire quand les deux dénominateurs sont les mêmes. Ainsi la fraction 3/8 divisée par 5/8 donnera 3/5 ; car en suivant la règle générale (217), il faudrait multiplier 3/8 par 8/5 ; alors le facteur 8 étant commun aux deux termes de la fraction produit, on peut omettre la multiplication (186).

## § XI. *Recherche du plus grand commun diviseur.*

219. Pour réduire une fraction *à sa plus simple expression*, et pour trouver *le plus petit multiple commun* de deux nombres, c'est-à-dire le plus petit nombre exactement divisible par tous deux, il est nécessaire de savoir trouver *le plus grand commun diviseur* de deux nombres donnés. On entend par là le plus grand nombre qui puisse les diviser tous deux exactement. Cette recherche est fondée sur plusieurs principes que nous allons d'abord établir.

220. Iᵉʳ PRINCIPE. *Lorsqu'on doit diviser plusieurs nombres par un même diviseur, et ajouter ensuite tous les quotients obtenus, on peut faire la somme de tous ces nombres et la diviser par le diviseur proposé ; le quotient sera le résultat cherché.* Prenons pour fixer les idées les nombres 12, 9, 16 et 23 qu'il s'agit de diviser par 7 ; les quotients seront représentés (167) par les expressions fractionnaires 12/7, 9/7, 16/7, 23/7 ; la somme des quotients s'obtiendra

donc en ajoutant ces fractions; mais pour cela il faudra (199) faire la somme des numérateurs et lui donner le dénominateur commun, ce qui fera 60/7. Donc le quotient par 7 de la somme des nombres 12, 9, 16, 23, est égal à la somme des quotients de ces nombres par le même diviseur 7, et comme ce raisonnement s'appliquerait à tous les nombres imaginables, le principe est démontré. Ce résultat peut s'écrire ainsi à l'aide des signes :

$$\frac{12}{7} + \frac{9}{7} + \frac{16}{7} + \frac{23}{7} = \frac{12 + 9 + 16 + 23}{7},$$

**221.** II$^e$ PRINCIPE. *La différence des quotients de deux nombres par un même diviseur est égale au quotient de la différence des deux nombres par ce diviseur.* Car, par exemple, les quotients de 32 et de 13 par 5 peuvent se représenter par 32/5 et 13/5 ; leur différence s'obtiendra donc en retranchant 13/5 de 32/5, ce qui se fera (201) en prenant la différence des numérateurs 32 et 13 et lui donnant le dénominateur 5, ce qui produira 19/5. Résultat qui se présentera ainsi à l'aide des signes : $\dfrac{32}{5} - \dfrac{13}{5} = \dfrac{32 - 13}{5}$.

**222.** III$^e$ PRINCIPE. *Si deux ou en général plusieurs nombres sont exactement divisibles par un même diviseur, leur somme le sera pareillement.* Car les quotients de ces nombres, par le diviseur dont il s'agit, seront des nombres entiers (181) ; donc la somme de ces quotients sera un nombre entier. Mais nous avons vu (220) que cette somme était égale au quotient de la somme des nombres proposés par le même diviseur ; donc ce quotient sera un nombre entier ; donc la somme des nombres proposés est exactement divisible par le diviseur donné.

**223.** IV$^e$ PRINCIPE. Puisqu'un produit n'est autre chose que la somme de plusieurs nombres égaux au multiplicande (61), il suit du principe précédent que si le multiplicande est exactement divisible par un nombre donné, le produit le sera pareillement ; et comme on peut, sans changer le nombre des unités du produit, prendre le multiplicateur pour multiplicande (81), on peut dire que *Tout nombre qui* *divisera exactement l'un des facteurs d'un produit, divisera aussi exactement le produit.*

224. V<sup>e</sup> PRINCIPE. *Lorsqu'un nombre est la somme de deux autres, tout nombre qui divisera exactement à la fois la somme et l'une des deux parties divisera aussi exactement l'autre partie.* En effet, la seconde partie étant la différence entre la somme et la première partie, le quotient de cette seconde partie par le diviseur vaudra la différence des deux autres quotients (221); donc si ces deux quotients sont des nombres entiers, leur différence sera aussi un nombre entier.

225. VI<sup>e</sup> PRINCIPE. *Lorsqu'une division donne un reste (96), tout nombre qui divise exactement le diviseur et le reste divise aussi exactement le dividende.* En effet, dans ce cas, le dividende vaut le produit du diviseur par le quotient, augmenté du reste (113); le nombre dont il s'agit, divisant exactement le diviseur, divisera exactement le produit du diviseur par le quotient (225); donc s'il divise aussi le reste, il divisera les deux parties qui composent le dividende; il divisera donc exactement le dividende (222).

226. VII<sup>e</sup> PRINCIPE. *Tout nombre qui divise exactement le dividende et le diviseur divisera aussi exactement le reste de la division.* Car ce nombre divisera exactement le produit du diviseur par le quotient (223); dont il divisera exactement le dividende et l'une des deux parties qui composent le dividende (113) et par conséquent il divisera exactement la seconde partie (224), c'est-à-dire le reste de la division.

227. Proposons-nous, à l'aide de ces principes, de trouver le plus grand commun diviseur des deux nombres 1846 et 416. Il est évident que le plus grand commun diviseur de ces nombres ne peut être plus grand que le plus petit 416; donc, puisque 416 se divise lui-même, s'il divisait 1846, il serait le nombre cherché. Essayons cette division: nous trouvons pour quotient 4, et pour reste 182. Donc 416 n'est pas le nombre cherché; mais tous les diviseurs exacts de 1846 et de 416 devant diviser exactement 182 reste de la division du premier nombre par le second (226), aucun d'eux ne peut être plus grand que ce reste; donc si

182 divisait à la fois 1846 et 416, il serait le nombre demandé. Cherchons s'il jouit de cette propriété ; il suffira pour cela qu'il divise le diviseur 416, puisqu'il est le reste de la division de 1846 par 416 (225). Nous trouvons en divisant 416 par 182 le quotient 2 et le reste 52 ; donc 182 n'est pas encore le nombre cherché. Mais tous les diviseurs de 1846 et de 416 devant diviser aussi 182, devront encore diviser 52 reste de la division de 416 par 182 (226) ; donc aucun d'eux ne pourra être plus grand que 52 ; donc si 52 divisait à la fois 1846 et 416, il serait le nombre cherché. Pour nous en assurer, il suffit de chercher si 52 divise exactement 182 ; parce que, s'il en était ainsi, il diviserait aussi 416 (225), et par suite 1846. En continuant ce raisonnement, on voit : 1.º que si l'un des restes obtenus successivement divise exactement le diviseur qui l'a fourni, il sera diviseur commun des deux premiers nombres 1846 et 416 ; 2º que tous les diviseurs communs à ces deux nombres doivent diviser les restes successifs que l'on obtient, et que par conséquent, aucun de ces diviseurs ne peut être plus grand que le dernier reste obtenu. De ces deux observations il résulte nécessairement que si un reste divise exactement le diviseur qui l'a fourni, il est le plus grand diviseur commun aux deux nombres proposés.

228. De là nous déduirons cette règle : « Pour trouver le « plus grand commun diviseur de deux nombres, divisez le « plus grand par le plus petit ; si la division est exacte, le plus « petit nombre est le plus grand commun diviseur des deux. « Si la division donne un reste, divisez le plus petit nombre « par ce reste ; si la division est exacte, le reste sera le nom- « bre cherché. Si la division donne un reste, divisez le pre- « mier reste par le second. Continuez ainsi jusqu'à ce que « vous trouviez une division exacte, auquel cas le dernier « diviseur sera le plus grand commun diviseur des deux « nombres proposés. » Voici les détails de l'opération pour 1846 et 416 dont le plus grand commun diviseur est 26.

$$\begin{array}{c|c|c|c|c} 1846 & 416 & 182 & 52 & 26 \\ \hline 182 & 4 & 2 & 3 & 2 \\ 52 & 26 & 0 \end{array}$$

**229.** Il est évident que l'on parviendra toujours à une division exacte; car les restes étant tous des nombres entiers, et allant toujours en diminuant, il est certain qu'on arrivera à zéro. Mais il peut se faire que le diviseur correspondant à ce reste zéro soit l'unité; dans ce cas les deux nombres auraient pour plus grand commun diviseur l'unité, c'est-à-dire qu'ils n'auraient aucun diviseur commun. On dit alors que ces nombres sont *premiers entre eux*.

**250.** Il ne faut pas confondre cette expression: *nombres premiers entre eux*, avec celle-ci : *nombres premiers* ; cette dernière désigne des nombres qui ne peuvent être divisés par aucun autre nombre qu'eux-mêmes et l'unité. Tels sont: 2, 3, 5, 7, 11, 13, 17, 19, 23, 29, etc. On comprend que deux *nombres premiers* sont nécessairement *premiers entre eux* ; mais que deux *nombres premiers entre eux* peuvent fort bien ne pas être *premiers*.

**231.** La détermination des nombres premiers qui se trouvent depuis l'unité jusqu'à un nombre donné suppose des connaissances plus étendues que celles que nous avons présentées jusqu'ici; nous nous bornerons aux observations suivantes : 1° 2 est le seul nombre pair qui soit premier, puisque tous les autres sont des multiples de 2; 2° pour s'assurer qu'un nombre impair est premier, il suffira d'essayer la division de ce nombre par tous les nombres impairs jusqu'à celui qui, multiplié par lui-même, donnerait un produit plus grand que le nombre proposé; car un diviseur plus grand que celui-là supposerait un second facteur plus petit. Par exemple, 113 n'étant divisible exactement par aucun des nombres 3, 5, 7, 9, et le produit $11 \times 11$ étant plus grand que 113, ce nombre est un nombre premier. On pouvait même se dispenser d'essayer la division par 9, sachant que ce nombre est lui-même divisible par 3; car tout nombre divisible par 9 le serait aussi par 3.

**252.** Tout nombre qui n'est pas premier est nécessairement le produit de deux facteurs; si ceux-ci ne sont pas premiers, ils sont aussi le produit de deux facteurs, et ainsi de suite. D'où il suit que tout nombre qui n'est pas premier peut toujours se décomposer en une suite de facteurs premiers. Par exemple, 90 est le produit de 10 par 9, produit qui peut s'écrire $10 \times 9$; le facteur 10 vaut $2 \times 5$; le facteur 9 vaut $3 \times 3$; on peut donc dire que 90 vaut $2 \times 5 \times 3 \times 3$, ou que l'on a $90 = 2 \times 3 \times 3 \times 5$, en disposant les facteurs par ordre de grandeur, ce qui ne change pas la valeur du produit (179).

233. Nous conclurons de là que *si un nombre est exactement divisible par un autre, il l'est pareillement par tous les facteurs premiers de celui-ci, pris successivement.* Ainsi tout nombre divisible par 90 le sera d'abord par 2; puis le quotient obtenu le sera par 3; ce second quotient, encore par 3; enfin ce troisième quotient par 5.

234. *Lorsqu'un nombre est exactement divisible successivement par deux autres, il l'est aussi par leur produit.* Par exemple, 60 est exactement divisible par 4, et le quotient 15 l'est par 3, ce qui donne le quotient 5. On peut donc dire que $60 = 4 \times 3 \times 5$, ou que $60 = 12 \times 5$; donc il est exactement divisible par 12 (85).

235. Il suit de là que, si l'on divise *deux nombres par leur plus grand commun diviseur, les deux quotients obtenus sont premiers entre eux.* En effet, si les deux quotients avaient encore un diviseur commun, les nombres proposés seraient divisibles par le produit de ce diviseur et du premier; celui-ci ne serait donc pas leur plus grand commun diviseur.

## § XII. *Réduction des fractions à leur plus simple expression.*

236. « Pour réduire une fraction à sa plus simple ex- « pression, on cherche le plus grand commun diviseur de « ses deux termes (228); puis on les divise l'un et l'autre « par ce plus grand commun diviseur. » En effet, les deux termes de la nouvelle fraction n'auront plus de diviseur commun (235); donc la fraction sera réduite à sa plus simple expression. Soit, par exemple, la fraction 2893/3419;

en divisant les deux termes par leur plus grand commun diviseur 263, on aura 11/13.

$$
\begin{array}{c|c|c|c \quad c|c \quad c|c}
3419 & 2893 & 526 & 263 & 2893 & 263 & 3419 & 263 \\
\hline
526 & 1 & 5 & 2 & 263 & 11 & 789 & 13 \\
263 & 0 & & & & 0 & & 0
\end{array} \quad 11/13.
$$

237. Comme la recherche du plus grand commun diviseur est un peu longue, on se borne souvent à diviser les deux termes de la fraction que l'on veut réduire, par 2, 3, 4, 5, 6, 7, 8, 9, 10, autant de fois que cela est possible. On reconnaît la possibilité de ces divisions à des caractères faciles à saisir, et que nous allons indiquer. Dans la pratique, il arrive presque toujonrs que la fraction est réduite ainsi à sa plus simple expression.

258. *Un nombre est divisible par 2 lorsque le chiffre des unités simples est 0, 2, 4, 6, 8.* En effet, un nombre peut être considéré comme composé de deux parties dont l'une serait les unités simples ou du premier ordre, et l'autre, les unités supérieures; cette dernière est toujours divisible par 2, puisqu'elle se compose d'un nombre exact de dizaines, et que 10 est divisible par 2 (223); donc, si l'autre partie est aussi divisible par 2, le nombre total le sera pareillement (222). Or, cela ne peut arriver que si le chiffre des unités est 0, 2, 4, 6, 8, c'est-à-dire un nombre pair. 3574 se décomposerait en 3570 $+$ 4 ou 357 $\times$ 10 $+$ 4.

259. *Un nombre est divisible par 3, quand la somme de ses chiffres ajoutés comme des unités simples est divisible par 3.* En effet, une unité diminuée de 1 donne zéro qui est divisible par 3; une dizaine diminuée de 1 donne 9 qui est divisible par 3; et de même une unité d'un ordre quelconque diminuée de 1 donne un reste divisible par 3; donc, si d'un nombre on rétranche autant d'unités simples qu'il y a d'unités de différents ordres, le reste sera toujours divisible par 3. Mais alors le nombre sera décomposé en deux parties, dont la première, qui est le reste, est divisible par 3; donc si la seconde, qui est la somme des chiffres du nombre ajoutés comme des unités simples, est divisible par 3, le nombre total le sera (222).

Pour reconnaître si cette somme est elle-même divisible par 3, lorsqu'elle est exprimée par plusieurs chiffres, on fera de même, jusqu'à ce que l'on obtienne une somme exprimée par un seul chiffre qui doit être 3, 6 ou 9. Ainsi pour trouver si 4782 est divisible par 3, nous ferons la somme de ses chiffres, qui sera 21 ; puis celle des chiffres de 21, ce qui donnera 3 ; d'où nous conclurons que 4782 est divisible par 3.

240. *Un nombre est divisible par 4, quand le nombre exprimé par les deux derniers chiffres à droite est divisible par 4.* Car un nombre peut être décomposé en deux parties dont l'une serait composée des dizaines et des unités, et l'autre renfermerait les unités d'un ordre supérieur. Cette dernière, étant un nombre exact de centaines, sera divisible par 4, puisque 100 est divisible par 4 (225) ; donc si l'autre partie l'est aussi, le nombre total le sera également (222). Ainsi le nombre 579312 sera divisible par 4, parce que 12 est divisible par 4. La décomposition donnerait : $579312 = 579300 + 12 = 5793 \times 100 + 12$.

241. *Un nombre est divisible par 5 lorsque le chiffre des unités simples est 5 ou 0.* Car le nombre peut être décomposé en deux parties : les unités simples et les unités d'un ordre supérieur. Ces dernières, étant un nombre exact de dizaines, seront toujours divisibles par 5, puisque 10 est divisible par 5 (225) ; donc le nombre total le sera (222), si l'autre partie l'est aussi, ce qui ne peut arriver sinon quand le chiffre des unités est 5 ou 0. Par exemple, 3245 se décomposerait en $3240 + 5$ ou $324 \times 10 + 5$.

242. *Un nombre est divisible par 6, s'il réunit les caractères de divisibilité donnés pour 2 (238) à ceux qui l'ont été pour 3 (239).* Car pour être divisible par 6, le nombre doit l'être par 2 et par 3 (233).

243. Nous ne donnerons pas les caractères de divisibilité par 7, parce qu'il est plus court d'essayer la division que de chercher si le nombre satisfait aux conditions exigées.

244. *Un nombre est divisible par 8, quand le nombre exprimé par les trois derniers chiffres à droite est divisible par 8.* Car les chiffres placés à gauche de ceux-ci expri-

ment un nombre exact de mille; et 1000 étant divisible
par 8, cette partie du nombre le sera toujours (225) ; donc
si l'autre partie du nombre est divisible par 8, le nombre
total le sera (222). Par exemple, 6575136, qui se décompose en 6575000 + 136, ou 6575 × 1000 + 136, sera
divisible par 8, parce que 136 est divisible par 8.

245. *Un nombre est divisible par 9 quand la somme des
chiffres ajoutés comme des unités simples est divisible
par 9.* La démonstration est mot pour mot la même que
pour 3 (239); seulement la somme exprimée par un seul
chiffre doit être 9. Par exemple, pour reconnaître si 764856
est divisible par 9, nous ajouterons les chiffres comme des
unités simples, ce qui donnera 36; ces deux chiffres étant
ajoutés donnent 9, donc le nombre est divisible par 9.

246. *Un nombre est divisible par 10 quand il est terminé à droite par un zéro.* Car le nombre exprimera alors
un nombre exact de dizaines, et la division se fera en supprimant le zéro (59).

### § XIII. *Recherche du plus petit multiple commun de plu-*
### *sieurs nombres.*

247. « Pour trouver *le plus petit multiple commun* (219)
« de deux nombres donnés, on cherchera leur plus grand
« commun diviseur (228) ; on divisera l'un des deux nom-
« bres par ce plus grand commun diviseur; (pour simpli-
« fier l'opération, on divise de préférence le plus petit).
« Puis on multipliera le quotient par l'autre nombre, ce
« qui donnera le résultat demandé. » Ainsi pour trouver le
plus petit multiple de 1680 et de 1152, nous chercherons
d'abord leur plus grand commun diviseur :

$$
\begin{array}{c|c|c|c|c}
1680 & 1152 & 528 & 96 & 48 \\
528 & 1 & 2 & 5 & 2 \\
& 96 & 48 & 0 &
\end{array}
\qquad
\begin{array}{c|c}
1152 & 48 \\
192 & 24 \\
0 &
\end{array}
\qquad
\begin{array}{c|c}
1680 & 48 \\
240 & 35 \\
0 &
\end{array}
$$

ce nombre est 48; l'autre facteur de 1152 est 24, et l'autre
facteur de 1680 est 35; en sorte qu'on a 1152 = 48 × 24
et 1680 = 48 × 35. En multipliant 1680 par 24, quotient de 1152 par 48, nous obtiendrons 40320 pour le

nombre cherché. En effet ce nombre vaudra 1680 $\times$ 24, ou 35 $\times$ 48 $\times$ 24 ; or, 1° ce produit est divisible par 48 $\times$ 24 ou 1152, et par 35 $\times$ 48 ou 1680 (179) ; 2° tout nombre divisible à la fois par 1152 et 1680 doit contenir (233) d'abord tous les facteurs premiers communs à ces deux nombres, facteurs dont le produit est 48 ; puis les autres facteurs premiers qui, outre ceux-là, se trouvent dans 1152, facteurs dont le produit forme 24 ; enfin il doit encore contenir tous les autres facteurs premiers de 1680, dont le produit est 35 ; donc aucun nombre divisible par 1152 et 1680 ne peut être plus petit que le produit des trois nombres 48, 24 et 35, c'est-à-dire que 40320.

248. Il résulte de ce qui précède que *le plus petit multiple commun de deux nombres premiers entre eux est leur produit*. En effet, leur plus grand commun diviseur étant 1, le quotient de l'un des nombres par le plus grand commun diviseur sera ce nombre lui-même.

Il résulte encore que si le plus grand nombre se trouve exactement divisible par l'autre, il est lui-même leur plus petit multiple commun. Cette conclusion, évidente par elle-même, est une conséquence de la règle générale ; car, dans ce cas, le plus grand commun diviseur des deux nombres est le plus petit nombre (227) ; alors le quotient du plus petit nombre par le plus grand commun diviseur est 1, et par suite le produit du plus grand nombre par ce quotient est le plus grand nombre lui-même.

249. Sachant trouver le plus petit multiple de deux nombres, on trouvera de même celui de tant de nombres que l'on voudra : « Il suffira, en effet, de chercher le plus « petit multiple des deux premiers (247) ; puis celui de « ce premier résultat et du troisième nombre, et ainsi de « suite. » Dans la pratique il est avantageux de commencer par les plus grands nombres, parce que leurs multiples peuvent être aussi multiples des nombres moindres qu'eux. Cherchons, par exemple, le plus petit multiple commun des nombres 2431, 323, 289, 221. Pour cela, nous déterminerons d'abord le plus grand commun diviseur des deux plus grands, 2431 et 323 ;

```
2431|323|170|153|17        323|17          2431
 170|7  |1  |1  |9         153|19            19
      155  17   0             0            ─────
                                           21879
                                            2431
                                           ─────
                                           46189
```

Ce nombre est 17; le quotient de 523 par 17 est 19; et
le produit 46189 de 2431 par ce quotient sera le plus petit
multiple commun des deux nombres 2431 et 323. Nous
chercherons alors le plus grand commun diviseur de 46189
et du troisième des nombres donnés 289.

```
46189|289|238|51|17        289|17         46189
 1728|159|1  |4 |3         119|17            17
      2839  51  17  0          0          ───────
       238                                 323323
                                            46189
                                           ───────
                                           785213
```

Ce nombre est encore 17; le quotient de 289 par 17 est
17; donc le produit 785213 de 46189 par ce quotient sera
le plus petit multiple commun des trois premiers nombres.
En cherchant le plus grand commun diviseur de 785213
et de 221, nous trouvons que le dernier nombre divise
exactement le premier; donc celui-ci est le plus petit multiple commun des quatre nombres proposés.

# CHAPITRE II.

### FRACTIONS DE FRACTIONS.

250. On nomme *fractions de fractions* une quantité qui
est une fraction d'une autre quantité, laquelle est elle-même
une fraction d'une troisième quantité qui peut être encore
une fraction d'une quatrième, et ainsi de suite. Telle est
l'expression 5/8 de 3/4 de 8/9.

251. Quand on a une fraction de fractions, on lui substi-
tue ordinairement une seule fraction équivalente : pour
cela « on multiplie tous les numérateurs entre eux, ainsi

que les dénominateurs. » Ainsi la fraction de fractions ci-dessus deviendrait 120/128., ou en réduisant à une plus simple expression, 5/12. En effet, cette expression signifie qu'il faut prendre les 3/4 de 8/9, puis les 5/8 du résultat : Or, prendre les 3/4 de 8/9 c'est multiplier 8/9 par 3/4 (213), ce qui se fera en multipliant 8 par 3, et 9 par 4 (209) ; ensuite prendre les 5/8 du résultat, ce sera le multiplier par 5/8 ; il faudra donc multiplier par 5 le numérateur qui est déjà le produit de 8 par 3, et multiplier par 8 le dénominateur qui est le produit de 9 par 4.

252. Pour faire une application de cette réduction de fraction de fraction en une fractions simple, et montrer l'utilité de l'emploi des signes pour abréger les calculs, nous nous proposerons de répondre à la question suivante :

On a un baril plein de vin et contenant 60 litres ; on en tire 2 litres que l'on remplace par 2 litres d'eau ; le lendemain, on tire du baril 3 litres que l'on remplace par la même quantité d'eau ; le surlendemain, on tire 4 litres en les remplaçant par 4 litres d'eau ; enfin le jour d'après, on tire 5 litres, en remplissant encore le baril avec 5 litres d'eau. Quelle est alors la quantité de vin qui reste dans le baril ?

Puisque le baril est toujours plein quand on tire une partie du liquide qu'il contient, chaque litre tiré est 1/60 du contenu, et se sompose de 1/60 du vin, et de 1/60 de l'eau dont le mélange remplit le baril. D'un autre côté quand on ôte d'une quantité les 2/60, les 3/60, les 4/60, les 5/60 de cette quantité, il en reste les 58/60, les 57/60, les 56/60, les 55/60. D'après cela, après la première opération il ne resterait plus dans le baril que les 58/60 du vin qu'il contenait ; après la seconde il ne restera plus que les 57/60 de ces 58/60 ; après la troisième, les 56/60 de ce second reste ; et enfin, après la quatrième, les 55/60 du troisième reste. La quantité cherchée sera donc exprimée par 55/60 de 56/60 de 57/60 de 58/60 de 60 litres ; ou en réduisant à une fraction simple (251) :

$$\frac{55 \times 56 \times 57 \times 58}{60 \times 60 \times 60 \times 60} \text{ de 60 litres.}$$

7.

Avant d'effectuer les multiplications nous pouvons supprimer au numérateur et au dénominateur les facteurs qui se trouvent dans l'un et dans l'autre; pour cela, nous remarquerons que $55 = 5 \times 11$; $56 = 7 \times 4 \times 2$; $57 = 19 \times 3$; $58 = 29 \times 2$; au dénominateur, le premier facteur 60 peut se décomposer en $5 \times 4 \times 3$, et le second en $15 \times 2 \times 2$; la fraction ci-dessus peut donc s'écrire :

$$\frac{5 \times 11 \times 7 \times 4 \times 2 \times 19 \times 3 \times 29 \times 2}{5 \times 4 \times 3 \times 15 \times 2 \times 2 \times 60 \times 60}$$

Supprimant les facteurs communs, elle se réduit à

$$\frac{11 \times 7 \times 19 \times 29}{15 \times 60 \times 60}$$

et comme le produit du nombre entier 60 par cette fraction peut s'obtenir en divisant par 60 le dénominateur de la fraction (206), nous aurons pour le nombre de litres cherché:

$$\frac{11 \times 7 \times 19 \times 29}{15 \times 60}$$

ou en effectuant les multiplications 42427/900; et en extrayant les entiers : 47 127/900; par suite le nombre des litres d'eau qui se trouveront dans le baril sera de 12 773/900.

On peut, comme exercice sur les fractions, calculer jour par jour les quantités de vin et d'eau contenues dans le baril; on arrivera au même résultat final, mais les calculs seront beaucoup plus longs.

# CHAPITRE III.

## NOMBRES FRACTIONNAIRES.

### § I. *Réduction au calcul des fractions.*

253. Quand on doit opérer sur des nombres fractionnaires, on peut, dans chacun, exprimer les entiers en fraction de même dénominateur que celle qu'il renferme, et réunir les

deux fractions ; alors on opérera d'après les règles données pour le calcul des fractions. Mais comme ce procédé serait souvent très long, nous allons donner les moyens d'opérer sans faire cette transformation.

### § II. *Addition des nombres fractionnaires.*

254. Additionner plusieurs nombres fractionnaires c'est trouver un nombre qui contienne autant d'unités entières et de parties d'unité qu'il y en a dans tous les nombres pris ensemble.

255. Pour faire cette opération, « après avoir placé les « nombres les uns sous les autres, de sorte que les frac- « tions se correspondent, ainsi que les unités de même « ordre des nombres entiers, on fait la somme des frac- « tions (199) ; on extrait les unités entières (190) que l'on « retient pour les ajouter aux unités des nombres entiers, « et l'on écrit la fraction sous les fractions proposées ; on « opère ensuite sur les nombres entiers à la manière ordi- « naire (50). » Proposons-nous, par exemple, d'additionner les nombres 48 3/4, 267 5/6, 432 7/9, 184 5/8, 575 5/9. Voici le détail de l'opération :

```
                      72
    48   3/4        18   54/72
   267   5/6        12   60/..
   432   7/9         8   56/..
   184   5/8         9   45/..
   575   5/9         8   40/..
  ─────────────    ──────────
  1309  13/24       255│72
                      39│3
                     ──────
                     59/72  13/24
```

Ayant fait la somme des fractions, nous trouvons 3 unités et 13/24 ; donc le nombre des parties d'unités contenues dans les nombres proposés réunis est de 13/24 : la somme devra donc contenir ce même nombre de parties d'unité. Ensuite pour connaître combien les nombres réunis ren- ferment d'unités entières, il est clair qu'il faut réunir les

3 unités provenues de l'addition des fractions, aux unités entières que contiennent explicitement les nombres donnés.

### § III. *Soustraction des nombres fractionnaires.*

256. La soustraction des nombres fractionnaires a pour objet d'ôter d'un nombre les unités et parties d'unités contenues dans un autre nombre.

257. Le plus grand nombre étant, comme nous l'avons dit (53) la somme du plus petit et du reste, il est évident, d'après la règle donnée ci-dessus pour l'addition des nombres fractionnaires, que la fraction du plus grand nombre provient de l'addition des fractions du plus petit nombre et du reste, et qu'il en est de même des parties entières. Donc pour obtenir la fraction du reste il faudra soustraire la fraction du plus petit nombre de celle du plus grand ; et pour avoir la partie entière du reste, il faudra ôter la partie entière du plus petit nombre de celle du plus grand. En voici un exemple :

$$
\begin{array}{llll}
     &      & 24 &        \\
487  & 7/8  & 3  & 21/24  \\
269  & 5/12 & 2  & 10/..  \\
\hline
218  & 11/24 &   & 11/24
\end{array}
$$

258. Il pourrait arriver que la fraction du plus grand nombre fût moindre que celle du plus petit ; en voici un exemple qui nous aidera à trouver la marche à suivre :

$$
\begin{array}{llll}
     &      & 24 &       \\
648  & 5/8  & 3  & 9/24  \\
482  & 5/6  & 4  & 20/.. \\
\hline
156  & 13/24 &  & 13/24
\end{array}
$$

La fraction 9/24 du plus grand nombre ne pouvant à elle seule être la somme de 20/24 et de la fraction du reste, cette somme valait 9/24 plus une unité, c'est-à-dire 9/24 + 24/24 (188), ou 33/24 (199) ; on obtiendra donc la fraction du reste en retranchant 20/24 de 33/24, ce qui donnera 13/24 (201). Ensuite, le plus grand nombre 648 contenant, outre la partie entière du reste et celle du plus petit 482, l'unité provenue des fractions, il faudra, pour trouver les unités du reste, en retrancher 482 plus cette unité, ou 483. Nous avons dit que la somme de la fraction du reste et de celle du plus petit nombre avait donné seulement une unité à reporter; cela est évident, puisque chaque fraction étant moindre que l'unité, leur somme est nécessairement moindre que 2 unités.

259. — On voit que pour ajouter une unité à une fraction 9/24, il suffit d'ajouter son dénominateur 24 au numérateur 9; de la somme 33 nous avons ôté le numérateur 20 de l'autre fraction. Or il est clair qu'au lieu d'opérer ainsi, nous pourrions retrancher tout de suite 20 de 24 et n'ajouter au numérateur 9 que le reste 4, ce qui simplifierait l'opération.

260. — En résumant ces considérations, nous établirons cette règle : « Pour faire la soustraction des nombres frac-
« tionnaires, placez le plus petit nombre sous le plus
« grand, de sorte que les fractions se correspondent, ainsi
« que les unités d'un même ordre. Retranchez ensuite la
« fraction du plus petit nombre de celle du plus grand
« (201), et la partie entière du plus petit nombre de celle
« du plus grand (159). Si vous ne pouvez retrancher le nu-
« mérateur de la fraction du plus petit nombre de celui de
« la fraction du plus grand, retranchez-le du dénomina-
« teur, et ajoutez le reste au numérateur de la fraction du
« plus grand nombre; la somme sera le numérateur de la
« fraction du reste; augmentez ensuite d'une unité le chif-
« fre des unités du plus petit nombre. »

## § IV. *Multiplication des nombres fractionnaires.*

261. — Nous partagerons cette opération en trois parties : dans la première nous supposerons le multiplicateur un nombre entier; dans la seconde nous le supposerons fractionnaire et le multiplicande entier; dans la troisième nous supposerons les deux facteurs fractionnaires.

262. — Si le multiplicateur est un nombre entier, si,

par exemple, on a à multiplier 248 7/8 par 356; il faut former un nombre avec 248 7/8 de la même manière que 356 a été formé avec l'unité (213); il s'agit donc de répéter 356 fois le multiplicande. Pour cela on pourrait l'écrire 356 fois et faire l'addition; or (199) il faudrait ajouter 356 fractions égales à 7/8, c'est-à-dire multiplier 7/8 par 356; extraire les unités entières du résultat, et les reporter avec la somme des nombres entiers, que l'on obtiendrait en ajoutant 356 nombres égaux à 248, c'est-à-dire en multipliant 248 par 356. Dans la pratique on commence ordinairement par la multiplication de la partie entière du multiplicande, ce qui revient au même.

263. — D'après cela « pour multiplier un nombre frac-
« tionnaire par un nombre entier, multipliez d'abord la
« partie entière du multiplicande par le multiplicateur
« (71); multipliez ensuite la fraction du multiplicande par
« le multiplicateur (204), en séparant dans le produit les
« unités entières; écrivez ce produit sous les produits par-
« tiels précédents, et faites l'addition. » Voici la multiplication des deux nombres ci-dessus :

<table>
<tr><td>248 7/8</td><td></td><td>7/8</td><td></td></tr>
<tr><td>356</td><td></td><td>356</td><td></td></tr>
<tr><td>———</td><td></td><td>———</td><td></td></tr>
<tr><td>1488</td><td></td><td>2492</td><td>8</td></tr>
<tr><td>1240</td><td></td><td>9</td><td>311</td></tr>
<tr><td>744</td><td></td><td>12</td><td></td></tr>
<tr><td>311 1/2</td><td></td><td>4/8 1/2</td><td></td></tr>
<tr><td>———</td><td></td><td></td><td></td></tr>
<tr><td>88599 1/2</td><td></td><td></td><td></td></tr>
</table>

264. — Si le multiplicateur était fractionnaire et le multiplicande un nombre entier, si l'on avait, par exemple, à multiplier 28 par 58 3/4, l'opération aurait pour but de former un nombre avec 28, de la même manière que 58 3/4 a été formé avec l'unité (213); il suffit donc de répéter 58 fois 28 et d'y ajouter les 3/4 de 28, c'est-à-dire 3 parties de 28 partagé en 4 parties égales. Nous multiplierons donc d'abord 28 par 58 comme dans la multiplication des nombres entiers, puis, pour prendre les 3/4 de 28 nous

multiplierons 28 par 3/4 (215); nous séparerons les unités
entières, et nous ajouterons ce résultat au premier. Ainsi
« pour multiplier un nombre entier par un nombre frac-
« tionnaire, multipliez d'abord le multiplicande par la par-
« tie entière du multiplicateur (74); faites ensuite le pro-
« duit du multiplicande par la fraction du multiplicateur
« (209), en séparant dans le produit les unités entières;
« écrivez ce produit sous le précédent, et faites l'addition. »
Voici l'opération :

$$
\begin{array}{ll}
28 & \\
38 \quad 3/4 & \\
\hline
224 & \\
84 & \\
21 & \\
\hline
1085 &
\end{array}
\qquad
\begin{array}{l|l}
28 & \\
3/4 & \\
\hline
84 & 4 \\
4 & \overline{21}
\end{array}
$$

265. — Si les deux facteurs sont fractionnaires, si par
exemple, on doit multiplier 637 5/6 par 284 7/9, l'opération
a pour objet de composer un nombre avec 637 5/6 comme
284 7/9 a été formé avec l'unité ; il faut donc répéter 637 5/6
d'abord 284 fois, et y ajouter les 7/9 de 637 5/6, c'est-à-
dire 7 parties de 637 5/6 partagé en 9 parties égales. Pour
faire la première opération il faudra suivre la marche indiquée par la règle précédente (265), c'est-à-dire multiplier
d'abord 637 par 284, et ensuite 5/6 par 284 ; pour prendre
les 7/9 du multiplicande, nous prendrons les 7/9 de 637,
et ensuite les 7/9 de 5/6, ce qui se fera (213) en multipliant
d'abord 637 par 7/9 (209), et ensuite 5/6 par 7/9 (209);
puis on ajoutera les 4 produits.

266 — D'après cela, « pour multiplier un nombre frac-
« tionnaire par un autre nombre fractionnaire, multipliez
« d'abord la partie entière du multiplicande par celle du
« multiplicateur (74); puis la fraction du multiplicande
« par la partie entière du multiplicateur (204); ensuite la
« partie entière du multiplicande par la fraction du multi-
« plicateur (209); enfin la fraction du multiplicande par
« celle du multiplicateur (209); et ajoutez tous ces pro-

« duits. » Voici le détail de l'opération sur les nombres proposés ci-dessus :

```
                     637  5/6              5/6        637
                     284  7/9              284        7/9
                    ─────────────        ─────────  ─────────
                        2548              1420 | 6    4459 | 9
657 par 284           5096                  22 |─────   85 |─────
                      1274        54         40 | 236    49 | 495
5/6 par 284. . . 236 4/6    9 56/54  4 |              4 |
657 par 7/9. . . 495 4/9    6 24/. . 6                9
5/6 par 7/9. . . . . 35/54  1 55/. .
─────────────────────────────────────
        181640 41/54        95 | 54
                            41 |─────
                            ─────  1
                            54
```

Dans cette opération, le plus grand dénominateur est
toujours le dénominateur commun; c'est pourquoi il est
inutile de réduire à une plus simple expression les fractions trouvées dans le cours de l'opération.

267. — Dans ces trois cas, le produit peut être un nombre entier; car dans les deux premiers il se compose du
produit des deux parties entières qui est un nombre entier,
et du produit de la fraction du facteur fractionnaire par le
facteur entier; or, ce dernier sera un nombre entier toutes
les fois que le facteur entier sera exactement divisible par
le dénominateur de la fraction (223). Dans le 3e cas, le
produit total se compose d'un produit entier et de 3 produits qui peuvent être fractionnaires; or, la somme de trois
nombres fractionnaires peut très bien être un nombre entier.

§ V. *Division des nombres fractionnaires.*

268. — La division des nombres fractionnaires a pour
objet de trouver l'un des facteurs d'un produit que l'on
connaît ainsi que l'autre facteur, lorsque l'un des facteurs,
au moins, est fractionnaire. Nous la partagerons en trois
parties : 1° si le dividende et le diviseur sont des nombres
entiers; 2° si le dividende étant fractionnaire, le diviseur

est un nombre entier ; 5° si le diviseur est fractionnaire.

269. — Si le dividende et le diviseur sont des nombres entiers, si, par exemple, il s'agit de diviser 12251 par 48, nous remarquerons que le quotient sera nécessairement fractionnaire, sans quoi ce serait une division de nombres entiers. Alors, le dividende 12251 sera formé de deux parties (264) : 1° du produit de 48 par la partie entière du quotient ; 2° du produit de 48 par la fraction du quotient. Or, ce dernier produit est nécessairement moindre que 48, donc 48 ne sera pas contenu plus de fois dans 12231 qu'il ne le serait dans le premier produit ; mais le nombre de fois que 48 serait contenu dans le premier produit serait égal au nombre des unités entières du quotient ; donc nous trouverons ces unités entières en cherchant combien de fois 48 est contenu dans 12231, c'est-à-dire, en divisant 12231 par 48. Faisant cette opération, nous trouverons pour la partie entière du quotient 254 et pour reste 39. Mais comme ce reste est ce que 12231 contient de plus que le produit de 48 par 254, il exprime le produit de 48 par la fraction du quotient ; nous trouverons donc cette fraction en divisant 39 par 48, ce qui se fera en donnant à 39 le dénominateur 48 (215). Ainsi la fraction du quotient sera 39/48, ou, en réduisant à une plus simple expression, 13/16. Ainsi, dans ce cas, « il faut diviser le « dividende par le diviseur, ce qui donne la partie entière « du quotient ; on a toujours un reste, auquel on donne pour « dénominateur le diviseur, ce qui donne la fraction du « quotient. » Voici l'opération :

$$
\begin{array}{c|ll}
12251 & 48 & \\
\hline
263 & 254 & 13/16 \\
231 & & \\
\hline
39/48 & \dots 13/16 &
\end{array}
$$

270. — Si le dividende était fractionnaire et le diviseur un nombre entier, si, par exemple, il s'agissait de diviser 1562 2/3 par 32, le quotient serait nécessairement frac-

tionnaire; alors le dividende est composé : 1° du produit
de 52 par la partie entière du quotient ; 2° du produit de
52 par la fraction du quotient (264). Or ce dernier produit
est moindre que 52 : donc 52 ne sera pas contenu plus de
fois dans 1562 qu'il ne le serait dans le premier produit ;
mais le nombre de fois que 52 serait contenu dans le premier produit serait égal au nombre des unités entières du
quotient; donc nous trouverons ces unités en cherchant
combien de fois 52 est contenu dans 1562, c'est-à-dire en
divisant 1562 par 52. Faisant cette opération nous trouvons 48 pour la partie entière du quotient, et 26 de reste ;
donc 26 et la fraction 2/3 du dividende sont le produit
de 52 par la fraction du quotient. Exprimant 26 en tiers
(189) nous aurons 78/3, et en y joignant les 2/3, nous aurons 80/3 pour le produit de 52 par la fraction du quotient;
nous obtiendrons donc cette fraction en divisant 80/3 par
52 (214), ce qui se fera en multipliant le dénominateur 3
par 32 (216). La fraction du quotient sera donc 80/96
ou 5/6. Ainsi dans ce cas « il faut diviser la partie entière
« du dividende par le diviseur, ce qui donne la partie en-
« tière du quotient; on réduit le reste, que l'on trouve
« généralement, en fraction de même dénominateur que
« celle du dividende; on ajoute les deux fractions, puis
« on multiplie le dénominateur du résultat par le divi-
« seur, ce qui donne la fraction du quotient. » Voici l'opération :

$$
\begin{array}{cc|cc}
1562 & 2/3 & 52 & \\
\cline{3-4}
282 & & 48 & 5/6 \\
26 & & & \\
3 & & & \\
\hline
78/3 & & & \\
2/3 & & & \\
80/3 & & & \\
\hline
80/96 & \ldots 5/6 & &
\end{array}
$$

271. — Dans la pratique on trouve plus commode de

ramener ce cas au précédent; pour cela on multiplie les deux nombres par le dénominateur de la fraction, ce qui ne change pas le quotient (90), et alors le dividende devient un nombre entier (205). Voici l'opération :

$$
\begin{array}{ll}
1562 \quad 2/3 & \left|\; \dfrac{52}{3} \right.
\end{array}
$$

|  |  |
|---|---|
| 1562   2/3 | 52 |
| 3 | 3 |
| 4686 |  |
| 2 |  |
| 4688 | 96 |
| 848 | 48   5/6 |
| 80/96 … 5/6 |  |

272. — Lorsque le diviseur est fractionnaire, le dividende contient (266) : 1° le produit de la partie entière du diviseur par la partie entière du quotient; 2° le produit de la fraction du diviseur par la partie entière du quotient; 3° le produit de la partie entière du diviseur par la fraction du quotient; 4° le produit des deux fractions. Le second produit seul peut être plus grand que la partie entière du diviseur; donc lors même que les deux derniers seraient zéro (ce qui arriverait si le quotient était un nombre entier), la partie entière du diviseur pourrait être contenue dans la partie entière du dividende plus de fois qu'il n'y a d'unités entières au quotient : donc on ne peut pas, pour déterminer ces dernières, diviser la partie entière du dividende par celle du diviseur. Alors on ramène la division au premier cas (269) de la manière suivante : « Si le divi- « seur seul est fractionnaire, on multiplie les deux nom- « bres par le dénominateur de la fraction du diviseur; si « le dividende et le diviseur sont tous deux fractionnaires, « on cherche un nombre exactement divisible par les deux « dénominateurs (247), puis on multiplie par ce nombre « le dividende et le diviseur. » Par là, on aura toujours à diviser un nombre entier par un nombre entier, et le quotient ne sera pas changé (90). Voici deux exemples de cette opération :

```
I. 4960 | 38 3/4      II. 1567 13/16    |        28 5/6
      4 | 4                    48       |          48
  ----------------        ------------------------------------
        | 152          12536    104       224 240 | 6
        |   3           6268     52       112   0 | 40
  19840 | 155                   624 | 16
    434 | 128                   144 | 39
   1240 |
                               39                    40
                             75255                 |1384
                              6055                 |54 3/8
                            519/1384.....3/8

 1384 | 519 | 346 | 173          | 173      1384 | 173
  546 | 2   | 1   | 2       159  | ---           | ---
      | 173 |  0  |                |   3          |  8
```

273.—En résumant les règles que nous venons d'établir,
nous en déduirons cette règle générale : « 1° Si les deux
« nombres sont entiers, divisez le dividende par le diviseur
« comme dans la division des nombres entiers, ce qui don-
« nera la partie entière du quotient ; puis donnez au reste
« le diviseur pour dénominateur et vous aurez la fraction
« du quotient (269) ; 2° Si l'un des deux nombres seule-
» ment est fractionnaire, multipliez-les l'un et l'autre par
« le dénominateur de la fraction, ce qui ramènera la divi-
« sion à celle de deux nombres entiers (271, 272) ; 3° Si
« les deux nombres sont fractionnaires, cherchez un nom-
« bre divisible par les deux dénominateurs, et multipliez
« par ce nombre le dividende et le diviseur, ce qui ra-
« mènera l'opération à la division de deux nombres en-
« tiers (272). »

274. — Lorsque l'on a à multiplier un nombre entier et
une fraction l'un par l'autre, si le numérateur de la fraction
peut se décomposer en diviseurs exacts de son dénominateur, on peut trouver le produit par un procédé qui est plus
commode pour la multiplication des nombres fractionnaires,
en ce que l'on n'est pas obligé de faire à part le produit de
la fraction et du nombre entier. Pour cela, on décompose

la fraction en plusieurs autres qui aient pour numérateurs, des diviseurs du dénominateur; alors, en réduisant chacune de ces fractions à une plus simple expression, son numérateur devient l'unité; le produit de ce numérateur et du nombre entier, n'est autre que le nombre entier lui-même, et il ne reste qu'à extraire les unités entières en divisant par le dénominateur; ainsi dans l'exemple du n° 263, après avoir multiplié 248 par 356, pour multiplier 7/8 par 356, nous décomposerons 7/8 en 4/8, 2/8 et 1/8 ou 1/2, 1/4 et 1/8 dont les produits par 356 seront 356/2, 356/4, 356/8. En extrayant les unités entières, nous trouverons 178, 89 et 44 1/2. Au lieu de diviser 356 par 4 et ensuite par 8, on peut remarquer que 2/8 étant la moitié de 4/8, le produit de 2/8 ou 1/4 par 356 sera la moitié de 178, ce qui donne 89 (69). De même on trouvera le produit de 1/8 en divisant par 2 celui de 2/8 ou 89, ce qui donnera 44 1/2 (269). Voici les opérations des n°ˢ 263, 264, 265, exécutées de cette manière :

```
 248  7/8..4/8..2/8...1/8.       28.              637  5/6...3/6...2/6
 356                             38  3/4..2/4...1/4   284  7/9.. 3/9...3/9...1/9
─────────────────────        ──────────       ─────────────────────────
1488                           234              2548
1240                            84              5096
 744                            14              1274
  178                            7               142
   89                        ──────              94 . 2/3 ⎫
   44 1/2                     1085               212 . 1/3 ⎬ 1
─────────────────                               212 . 1/3     18.18/54
88599 1/2                                        70 . 7/9      6.42/..
                                                    35/54      1.35/..
                                                ──────────────────────────
                                                181640 41/54        95 | 54
                                                               41/54 |  1
```

## § VI. *Transformation des fractions ordinaires en fractions décimales.*

275. — Pour transformer en fraction décimale la fraction ordinaire 7/8, nous ferons ce raisonnement : la fraction 7/8 exprime que l'on a partagé 7 unités en 8 parties, et que l'on

considère une de ces parties (165) ; la fraction décimale que nous cherchons devra donc aussi exprimer la valeur d'une des parties de 7 partagé en 8 parties égales. Donc en multipliant cette fraction par 8, on devrait retrouver 7 ; mais le produit devra contenir autant de chiffres décimaux que la fraction (158) ; donc puisque ces chiffres n'existent pas à la suite du 7, c'est qu'ils étaient des zéros (137). Il faudra donc les rétablir, et, en divisant le résultat par 8, nous trouverons la fraction décimale cherchée, qui sera 0,875.

$$\begin{array}{r|l} 7,00. \ . \ . \ . & 8 \\ 60 & \overline{\phantom{0}0,875} \\ 40 & \\ 0 & \end{array}$$

Ainsi, « pour transformer une fraction ordinaire en frac-
« tion décimale, il faut supposer à la suite du numérateur
« une partie décimale composée d'autant de zéros que la
« partie décimale doit avoir de chiffres ; puis, faire la divi-
« sion par le dénominateur de la fraction (140). » Dans la pratique, on place seulement autant de zéros qu'il est nécessaire pour avoir un nombre qui contienne le diviseur, ce qui donnera le 1er chiffre du quotient, chiffre qui devra être de même ordre que le dividende partiel qui le fournit ; ensuite, on place à la droite de chaque reste un zéro que l'on suppose écrit au dividende.

276.—Dans l'exemple ci-dessus, la fraction a été réductible en fraction décimale ; mais il n'en est pas toujours ainsi. En effet, pour qu'un nombre soit exactement divisible par un autre, il faut qu'il contienne tous les facteurs premiers de ce dernier ; or, si nous supposons la fraction à transformer réduite à sa plus simple expression, son numérateur ne contiendra aucun des facteurs de son dénominateur. Pour qu'elle soit réductible en décimales, il faut donc que, par les zéros que nous plaçons au numérateur, nous y introduisions tous les facteurs du dénominateur. Or en plaçant un zéro à la suite d'un nombre on le multiplie par 10, ou par 2 et par 5 ; donc, si le dénominateur ne contient pas d'autres facteurs premiers que 2 et 5, en plaçant à la suite du numérateur autant de zéros qu'il y a de facteurs 2 ou 5 dans le dénominateur, nous obtiendrons un nombre exactement divisible par le dénominateur ; mais s'il se trouve au dénominateur d'autres facteurs premiers que 2 et 5, quel que soit le nombre des zéros placés à la suite du numérateur, jamais nous n'y introduirons ces autres facteurs, et par conséquent la fraction ne sera pas réductible en fraction décimale.

277. — Nous dirons donc : qu'en supposant une fraction réduite à sa plus simple expression, « elle ne sera exacte-
« ment réductible en fraction décimale que si son dénomi-
« nateur ne contient pas d'autres facteurs premiers que 2
« et 5 ; » et, comme chaque zéro placé à la suite du numérateur fournit un chiffre décimal au quotient, nous ajouterons que : « lorsqu'une fraction est exactement réductible
« en décimales, le nombre des chiffres décimaux est égal
« au plus grand nombre de facteurs 2 ou 5 contenus dans
« le dénominateur de la fraction. »

278. — Dans le cas où le dénominateur de la fraction, supposée réduite à sa plus simple expression, contiendra des facteurs premiers autres que 2 et 5, quel que soit le nombre de zéros que l'on ait placés à la droite du numéra-
teur, jamais on n'obtiendra un nombre exactement divisible par le dénominateur (276) : donc la division, quelque loin qu'on la pousse, donnera toujours un reste. Or, tous les restes étant des nombres entiers moindres que le diviseur, il est clair qu'après un certain nombre de divisions, qui ne pourra jamais excéder le nombre des unités du diviseur, on devra retrouver un des restes précédemment obtenus ; en continuant la division, ce reste fournira au quotient le chiffre qu'il a fourni la première fois, et donnera le même reste qui l'a déjà suivi, et il en sera de même pour ce second reste. On voit qu'un certain nombre de restes consécutifs reparaîtront constamment dans le même ordre, et que, par suite, certains chiffres du quotient reparaîtront aussi *périodiquement*, dans le même ordre à l'infini. Les fractions qui présentent ce caractère ont reçu le nom de *fractions décimales périodiques ;* et la partie du quotient qui se repro-

duit périodiquement s'appelle la *période*. Lorsque la période commence dès le premier chiffre décimal, la fraction décimale est dite *périodique simple* ou *périodique dès l'origine;* si la période ne commence qu'après un certain nombre de chiffres décimaux, on la nomme *périodique mixte*, ou *périodique composée*. Voici un exemple de chacun de ces cas :

Soit proposé de transformer en fractions décimales les deux fractions 8/11 et 7/12 ; en effectuant le calcul comme il a été dit (275),

$$
\begin{array}{ll}
8,0 \ \big|\ 11 & 7,0 \ \big|\ 12 \\
\quad \big|\ \overline{0,7272 \text{ etc.}} & \quad \big|\ \overline{0,58333 \text{ etc.}} \\
50 & 100 \\
80 & 40 \\
50 & 40 \\
\text{etc.} & 40 \\
\vdots & \text{etc.} \\
& \vdots
\end{array}
$$

on trouve, pour la première, la fraction décimale périodique simple 0,7272... dont la période est 72 ; et pour la seconde, la fraction décimale périodique composée dont la période est 3, et la partie non périodique 58.

279. — Dans le cas où le dénominateur d'une fraction ordinaire, réduite à sa plus simple expression, contient des facteurs premiers autres que 2 et 5, il est donc impossible d'obtenir une fraction décimale qui représente exactement la valeur de la fraction proposée ; mais il est évident que plus on calculera de chiffres décimaux, plus on approchera de la valeur exacte de la fraction proposée. En effet, la différence est toujours égale à une fraction dont le dénominateur est le diviseur, et dont le numérateur est le reste auquel on s'arrête ; or, les restes successifs diminuent rapidement de valeur, puisqu'ils expriment des unités de dix fois en dix fois plus petites. On pourra donc approcher, autant qu'on le voudra, de la valeur de la fraction proposée.

280.— Si l'on transforme en fractions décimales les fractions 1/9 ; 1/99 ; 1/999 ; etc., on trouvera pour leurs valeurs respectives : 0,11…. ; 0,0101.,. ; 0,001001….; etc., résultat qui peut se généraliser ainsi : *Si l'on transforme en fraction décimale une fraction ordinaire ayant pour numérateur l'unité, et pour dénominateur un nombre dont tous les chiffres sont des 9, on trouvera pour résultat une fraction décimale périodique dont la période contiendra autant de chiffres que le dénominateur de la première contient de 9, chiffres dont le dernier à droite est 1, et tous les autres sont des zéros.*

## § VII. *Transformation des fractions décimales en fractions ordinaires.*

281. — Il se présente trois cas dans la conversion des fractions décimales en fractions ordinaires, selon que la fraction proposée est ou *finie*, ou *périodique simple*, ou *périodique composée.*

282.—1ᵉʳ Cas. « Pour transformer en fraction ordinaire « une fraction décimale finie, il suffit d'écrire pour numé- « rateur la partie décimale, abstraction faite de la virgule, « et pour dénominateur l'unité suivie d'autant de zéros « qu'il y a de chiffres sur la droite de la virgule. On réduit « ensuite à une plus simple expression. » Car il est évident que la fraction, écrite de cette manière, n'aura changé ni d'énoncé, ni de valeur ; par exemple, la fraction 0,075 et la fraction 75/1000 s'énoncent également *septante-cinq millièmes*, et expriment toutes deux que l'unité est partagée en 1000 parties égales, et que l'on réunit 75 de ces parties. En réduisant la seconde, on trouvera 3/40 pour valeur de 0,075.

283. — 2° Cas. Pour transformer la fraction 0,5454…. par exemple, nous remarquerons que cette fraction vaut 0,0101…. ✕ 54 ; or la fraction 0,0101…. vaut (280) 1/99 ; donc la fraction proposée vaudra 1/99 multipliée par 54, ou 54/99 (204), qui se réduit à 6/11. Et comme ce raisonnement peut s'appliquer à toute fraction décimale périodique simple, nous en déduirons cette règle : « Pour convér-

« tir en fraction ordinaire une fraction décimale périodi-
« que simple, prenez pour numérateur une période, et pour
« dénominateur un nombre composé d'autant de 9 qu'il y
« a de chiffres dans une période; réduisez ensuite à une
« plus simple expression, si cela se peut. » En appliquant
cette règle à la fraction 0,507692307692.... on obtiendra
307692/999999, fraction qui se réduit à 4/13.

284. Si l'on applique la règle ci-dessus à la fraction
décimale 0,99... on aura 9/9 ou l'unité. Résultat qui ne
peut pas surprendre, puisque cette fraction vaut 0,11... $\times$ 9,
et que 0,11... est (280) la valeur de 1/9. Quant à la géné-
ration de la fraction 0,99... qui est l'équivalent de l'unité,
cette fraction ne peut être obtenue qu'à la suite d'opérations
faites sur de véritables fractions; par exemple, en multipliant 0,0853... par 12; ou en ajoutant les deux fractions 0,4747... et 0,5252...

285. On peut conclure de là que « si un nombre est
« terminé par une fraction périodique dont tous les chif-
« fres sont des 9, on doit supprimer toutes ces périodes, et
« augmenter d'une unité le chiffre placé à leur gau-
« che. » Ainsi la somme des deux fractions 0,468282...
et 0,281717... étant 0,749999... on écrira 0,75, fraction
équivalente à 3/4 (282).

286. 3ᵉ Cas. Soit proposé de trouver la fraction ordinaire équivalente à 0,25513513... Cette fraction est évidemment la somme des deux fractions 0,25 et 0,00513513...
cette dernière est (128) 100 fois plus petite que 0,513513...
laquelle vaut (283) 513/999; la fraction 0,00513513...
vaudra donc 513/99900 (216); d'ailleurs la fraction 0,25
vaut 25/100 (282), donc la fraction proposée sera la somme
des deux fractions ordinaires 513/99900 et 25/100. Or
pour additionner ces deux fractions (198) il faut d'abord
les réduire au même dénominateur, puis ajouter les numérateurs; on obtiendra pour la seconde le même dénominateur que celui de la première, en multipliant les deux
termes par 999; la somme des numérateurs sera
donc 513 $+$ 25 $\times$ 999; mais, au lieu de multiplier
25 par 999, on peut le multiplier par 1000, ce qui

donne 25000, et retrancher 25 du produit. La somme des numérateurs sera donc 513 + 25000—25 = 25513—25 ou 25488, le dénominateur commun étant 99900. D'après la marche de l'opération on reconnaîtra facilement que le nombre de zéros qui terminent ce dénominateur est précisément le même que celui des chiffres de la partie non périodique, et que le nombre des 9 placés devant ces zéros est égal à celui des chiffres de la période.

287. De là nous déduirons cette règle : « Pour trans-
« former en fraction ordinaire une fraction périodique
« composée, supprimez toutes les périodes à droite de la
« première; supprimez ensuite toutes les périodes; consi-
« dérez les deux résultats comme des nombres entiers, et
« retranchez le second du premier; le reste sera le numé-
« rateur de la fraction cherchée; prenez ensuite pour dé-
« nominateur le nombre composé d'autant de 9 qu'il
« y a de chiffres dans une période, suivis d'autant de zéros
« qu'il y a de chiffres dans la partie non périodique. Enfin
« réduisez à la plus simple expression. » La fraction ci-
dessus 25488/99900 se réduit à 236/925.

# CHAPITRE IV.

### NOMBRES COMPLEXES (1).

## § 1. *Évaluer un nombre donné d'unités d'une espèce en unité d'espèce inférieure.*

288. Puisque les unités de sous-espèce sont des fractions de l'unité supérieure (121), transformer un nombre d'u-

(1) Bien que les transactions commerciales se fassent généralement aujourd'hui en mesures soumises à la loi décimale, ce qui ramène tous les calculs à ceux des nombres décimaux, il peut encore être utile, pour quelques cas particuliers, de connaître le calcul des nombres com

nités d'une espèce en unités d'une espèce inférieure, c'est
mettre un nombre entier sous forme fractionnaire. L'opération se réduit donc « à multiplier la valeur d'une unité
« de l'espèce donnée, exprimée en unités de l'espèce infé-
« rieure, par le nombre des unités que l'on veut transfor-
« mer. » Ainsi, pour évaluer 3 pieds en pouces, nous multiplierons 12 pouces par 3, ce qui donnera 36 pouces; pour
évaluer 7 toises en lignes, nous les évaluerons d'abord en
pieds, ce qui donnera 7 fois 6 pieds, ou 42 pieds; puis nous
évaluerons ces 42 pieds en pouces, ce qui fera 42 fois 12
pouces, ou 504 pouces; enfin nous chercherons la valeur
de 504 pouces en lignes, et nous obtiendrons 504 fois
12 lignes, ou 6048 lignes, pour le nombre cherché. On
parviendrait plus promptement à ce résultat, en multipliant immédiatement par 7 la valeur d'une toise en lignes
qui est 864 lignes.

289. Si l'on avait des unités de différentes espèces à évaluer en unités d'une espèce inférieure, « on évaluerait
« d'abord les plus hautes en unités de l'espèce immédia-
« tement inférieure, puis on ajouterait au résultat le
« nombre des unités de cette dernière espèce contenues
« dans le nombre proposé; on évaluerait la somme en
« unités de l'espèce suivante, on ajouterait les unités de
« même espèce contenues dans le nombre proposé, et ainsi
« de suite jusqu'à ce que l'on fût parvenu aux unités de
« sous-espèce que l'on désire. » Ainsi pour évaluer en lignes 4 toises, 3 pieds, 7 pouces, nous évaluerons les 4 toises
en pieds, ce qui donnera 24 pieds; nous ajouterons les
3 pieds, ce qui fera 27 pieds; nous les évaluerons en

plexes. Nous donnons ici les valeurs, en unités de sous-espèce, des unités
les plus usitées, la toise, la livre poids, le florin et le jour.

| T. | Pi. | Po. | Lig. |
|---|---|---|---|
| 1 | 6 | 72 | 864 |
|  | 1 | 12 | 144 |
|  |  | 1 | 12 |

| L. | Onc. | Gros. | Grains |
|---|---|---|---|
| 1 | 16 | 128 | 9216 |
|  | 1 | 8 | 576 |
|  |  | 1 | 72 |

| Fl. | Sous. | Den. |
|---|---|---|
| 1 | 20 | 240 |
|  | 1 | 12 |

| J. | H. | Min. | Sec. |
|---|---|---|---|
| 1 | 24 | 1440 | 86400 |
|  | 1 | 60 | 3600 |
|  |  | 1 | 60 |

pouces, ce qui produira 324 pouces; en ajoutant les 7 pouces nous aurons 331 pouces qui, évalués en lignes, donneront 3972 lignes pour le nombre cherché.

### § II. *Évaluation des unités d'une espèce en unités d'espèce supérieure.*

290. — Évaluer des unités d'une espèce en unités de l'espèce supérieure, c'est (121) extraire les unités entières contenues dans une expression fractionnaire. « Il faut donc « diviser le nombre donné par le nombre des unités de « l'espèce proposée nécessaire pour en former une de l'es- « pèce supérieure. » Ainsi pour évaluer 1886 lignes en pouces, nous les regarderons comme étant 1886/12 de pouce, et nous extrairons les unités entières, ce qui nous donnera 157 pouces et 2/12 de pouce ou 2 lignes. Pour évaluer ces pouces en pieds, nous les considérerons comme 157/12 de pied, et nous extrairons les unités entières, ce qui nous donnera 13 pieds et 1/12 de pied ou 1 pouce. Enfin nous évaluerons les 13 pieds en toises, en les regardant comme 13/6 de toise, ce qui fera, en séparant les unités entières, 2 toises et 1/6 de toise ou 1 pied. Donc les 1886 lignes proposées valent 2 toises, 1 pied, 1 pouce, 2 lignes.

### § III. *Transformation des nombres complexes en nombres fractionnaires.*

291. — « Pour transformer un nombre complexe en un « nombre fractionnaire qui lui soit équivalent, on évalue « les unités de sous-espèce en unités de la plus basse « espèce qui s'y trouve (289); puis on donne au résultat, « pour dénominateur, le nombre qui exprime combien il « faut d'unités de cette espèce pour en faire une de celles « qui sont considérées comme unités entières. » Cette règle n'a pas besoin de démonstration (121). Ainsi pour transformer en nombre fractionnaire 8$^{\mathrm{T}}$. 4$^{\mathrm{pi}}$. 6$^{\mathrm{po}}$. 8$^{\mathrm{li}}$ : en prenant la toise pour unité, nous évaluerons les pieds, les pouces

et les lignes, en lignes, ce qui donnera 656 $^{li}$, ou 656/864, ou 41/54 de toise ; en sorte que le nombre cherché sera 8$^T$. 41/54. Si l'on voulait prendre le pied pour unité, on évaluerait d'abord les 8$^T$. en pieds, ce qui donnerait, avec ceux du nombre, 52$^{Pi}$. (298) ; puis on évaluerait les pouces et lignes en lignes, ce qui donnerait 80$^{li}$, ou 80/144 ou 5/9 de pied ; on aurait ainsi 52$^{Pi}$. 5/9.

### § IV. *Transformation des nombres fractionnaires en nombres complexes.*

292. — « Pour transformer une fraction en unités de « sous-espèce de l'unité principale, on évalue son numé- « rateur en unités de sous-espèce immédiatement sui- « vante (288), on extrait les unités entières, et si l'on a une « fraction, on opère sur elle de la même manière, jusqu'à « ce que l'on soit parvenu aux unités de la dernière sous- « espèce. » En effet, si l'on proposait de transfor- mer 6$^T$. 13/16 en un nombre complexe équivalent, nous dirions : 13/16 de toise sont la même chose que le 16$^e$ de 13$^T$. (165). Or 13$^T$. évaluées en pieds donnent 78 pieds ; donc 13/16 de toise valent 78/16 de pied, ou 4 pieds 14/16 ; de même, 14/16 de pied vaudront 168/16 de pouce, ou 10 pouces 8/16 ; enfin, 8/16 de pouce vaudront 96/16 de ligne, ou 6$^{li}$. Donc le nombre fractionnaire 6$^T$. 13/16 vaut le nombre complexe 6$^T$. 4$^{Pi}$. 10$^{po}$. 6$^{li}$; on trouverait de même que 17$^T$. 8,15 vaudraient 17$^T$. 3$^{Pi}$. 3$^{po}$. 4$^{li}$. 4/5.

### § V. *Transformation des nombres complexes en nombres décimaux.*

293. « Pour transformer un nombre complexe en un « nombre décimal équivalent, on transforme d'abord ce « nombre complexe en un nombre fractionnaire de même « valeur (291), puis on convertit la fraction de ce dernier « en fraction décimale (275). » Par exemple, pour trans- former 8$^T$. 3$^{Pi}$. 9$^{po}$. en un nombre décimal, nous transforme- rons 3$^{Pi}$. 9$^{po}$. en fraction de toise, ce qui donnera 8$^T$. 5/8 ;

et la fraction 5/8, convertie en décimales, valant 0,625, le nombre cherché sera 8ᵀ, 625.

§ VI. *Transformation des nombres décimaux en nombres complexes.*

294. « Pour transformer un nombre décimal en nombre
« complexe, nous transformerons d'abord la fraction déci-
« male en fraction ordinaire (281), puis nous convertirons
le nombre fractionnaire trouvé en nombre complexe (292). »
Soit par exemple, 27ᴸ, 611... à transformer en nombre
complexe; je convertirai d'abord 0,611... en fraction ordinaire (287); le numérateur sera 61 — 6 ou 55, et le dénominateur 90; la fraction cherchée est donc 55/90, ou 11/18.
Transformant cette fraction en nombre complexe (292),
j'obtiens 9°.6ᴳ. 16ᵍʳ; le nombre demandé est donc 27ᴸ. 9°.
6ᴳ. 16ᵍʳ. On peut aussi évaluer directement la fraction
0ᴸ, 611... en onces, en multipliant 16°. par cette fraction (288), ce qui donnera 9°. 77...; puis 8ᴳ. multipliés
par 0,77... donneront 6ᴳ. 22...; enfin 72ᵍʳ multipliés par
la fraction 0,22... donneront 15ᵍʳ. 99... ou 16ᵍʳ. (285).

§ VII. *Addition des nombres complexes.*

295. — Cette opération a pour objet de trouver un nombre qui contienne autant d'unités principales et autant
d'unités de sous-espèce qu'il s'en trouve dans plusieurs
nombres donnés. Pour l'effectuer, on considère les unités
de chaque espèce comme des fractions de l'unité de l'espèce
supérieure, et on opère comme pour l'addition des nombres
fractionnaires. Ainsi, « après avoir placé les nombres à ajou-
« ter les uns sous les autres, de sorte que les unités de
« même espèce se correspondent, on fait l'addition des uni-
« tés de chaque espèce, en commençant par celles de la
« plus basse et en regardant chacune d'elles comme des
« fractions de l'unité supérieure. Donc, lorsque la somme
« ne contiendra pas assez d'unités pour en former une de
« l'espèce supérieure, on l'écrira au-dessous de la colonne; si

« elle contient assez d'unités pour en former une ou plusieurs
« de l'espèce supérieure, on les extraira (190) ; on écrira
« seulement l'excédant, et l'on reportera les unités de l'espèce
« supérieure à la colonne suivante. » En voici un exemple :

$$
\begin{array}{rcrcrcr}
48 \;^{\text{T}}. & 4 \;^{\text{Pi}}. & 9 \;^{\text{po}}. & 10 \;^{\text{li}}. \\
286 \;. & 3 \;. & 11 \;. & 9 \;. \\
469 \;. & 5 \;. & 8 \;. & 6 \;. \\
273 \;. & 4 \;. & 7 \;. & 11 \;. \\
62 \;. & 2 \;. & 8 \;. & 8 \;. \\
\hline
1141 \;^{\text{T}}. & 3 \;^{\text{Pi}}. & 10 \;^{\text{po}}. & 8 \;^{\text{li}}.
\end{array}
$$

Je trouve dans la première colonne 44 $^{\text{li}}$, ou 44/12 de pouce,
ce qui fait 3 $^{\text{po}}$ et 8/12 ou 8 $^{\text{li}}$. Les nombres proposés réunis
ne contiennent donc que 8 lignes ; tel sera donc le nombre
de lignes contenues dans la somme. Pour trouver combien
ils renferment de pouces, il faut réunir les 3 pouces que
nous venons de trouver à ceux qui sont dans chaque nom-
bre : nous trouvons 46 $^{\text{po}}$, c'est-à-dire 3 $^{\text{Pi}}$ et 10 $^{\text{po}}$ ; les nombres réunis, et par conséquent leur somme, contiendront
donc 10 pouces ; réunissant les pieds que nous venons de
trouver à ceux qui sont dans chaque nombre, nous aurons
21 $^{\text{Pi}}$ ou 3 $^{\text{T}}$ et 3 $^{\text{Pi}}$. Nous écrirons donc à la somme 3 $^{\text{Pi}}$, et
nous reporterons les 3 $^{\text{T}}$ avec celles que renferment explici-
tement les nombres, ce qui donnera 1141 $^{\text{T}}$. La somme est
donc 1141 $^{\text{T}}$. 3 $^{\text{Pi}}$. 10 $^{\text{po}}$. 8 $^{\text{li}}$.

§ VIII. *Soustraction des nombres complexes.*

296. — Cette opération a pour objet d'ôter d'un nombre
les unités de différentes espèces contenues dans un autre.
Il est clair que le plus grand nombre est toujours la somme
du plus petit et du reste. Pour l'effectuer, nous considérerons chaque espèce d'unité comme une fraction de l'espèce
supérieure et nous suivrons mot pour mot la règle des nombres fractionnaires. En voici un exemple :

$$
\begin{array}{rcrcrcr}
428 \;^{\text{T}}. & 0 \;^{\text{Pi}}. & 7 \;^{\text{po}}. & 6 \;^{\text{li}}. \\
182 \;. & 4 \;. & 3 \;. & 8 \;. \\
\hline
245 \;^{\text{T}}. & 2 \;^{\text{Pi}}. & 3 \;^{\text{po}}. & 10 \;^{\text{li}}.
\end{array}
$$

Regardant les lignes comme des 12$^{\text{mes}}$ de pouce, et ne pouvant soustraire 8/12 de 6/12, nous retrancherons 8 de 12 (259), et ajoutant le reste 4 à 6, nous aurons 10/12 ou 10$^{\text{li}}$ pour le reste, et nous augmenterons d'une unité le chiffre 5. Retranchant 4 de 7, nous aurons 3 pour le nombre des pouces du reste. Regardant 4 pieds comme 4/6 de toise, nous ôterons 4 de 6, ce qui donnera 2 pour les pieds du reste, et nous augmenterons d'une unité le chiffre suivant ; effectuant la soustraction des unités principales, nous aurons 245$^{\text{T}}$ ; ce qui fera pour le reste 245$^{\text{T}}$ . 2$^{\text{pi}}$. 3$^{\text{po}}$. 10$^{\text{li}}$.

### § IX. *Multiplication des nombres complexes.*

297. — Cette opération, comme nous l'avons dit plus haut (239), a pour objet de former un nombre avec le multiplicande, de la même manière que le multiplicateur a été formé avec l'unité. Nous la partagerons en deux cas : la multiplication par un nombre incomplexe et la multiplication par un nombre complexe.

298. — Multiplier par un nombre incomplexe revient évidemment à répéter le multiplicande autant de fois que l'indique le multiplicateur, puisque le multiplicateur a été formé en répétant un certain nombre de fois l'unité. Soit proposé de multiplier par 46 le nombre 28$^{\text{T}}$. 4$^{\text{pi}}$. 8$^{\text{po}}$. 6$^{\text{li}}$, nous dirons : Pour répéter 46 fois 28$^{\text{T}}$. 4$^{\text{pi}}$. 8$^{\text{po}}$. 6$^{\text{li}}$, on peut supposer qu'on ait écrit ce nombre 46 fois, et que l'on fasse l'addition. Il est clair alors qu'on répétera 46 fois 28$^{\text{T}}$, 46 fois 4$^{\text{pi}}$, 46 fois 8$^{\text{po}}$ et 46 fois 6$^{\text{li}}$ ; ce sont ces opérations que nous allons effectuer. D'abord, pour répéter 46 fois 28$^{\text{T}}$, nous ferons le produit de la manière accoutumée (71). Pour multiplier les unités d'espèces inférieures, nous allons suivre le procédé indiqué (274) en considérant ces unités comme des fractions de l'unité principale et comme des fractions les unes des autres. Regardant les 4 pieds comme 4/6 de toise, nous les partagerons en 3/6 et 1/6, et nous dirons : Le produit d'une toise par 46 serait 46$^{\text{T}}$ ; donc le produit de 3/6 ou 1/2 toise sera la moitié de celui-ci, ou 23$^{\text{T}}$ ; 1/6 étant le tiers de 3/6, le produit de 1/6

9.

par 46 sera le tiers de 23 $^T$; le tiers de 23 $^T$ est 7 $^T$ et 2/3, ou en évaluant cette fraction en pieds (292), 7 $^T$. 4$^{Pi}$. Pour multiplier 8$^{po}$ par 46 nous les considérerons comme 8/12 de pied, et nous les partagerons en 6/12 et 2/12. Or 6/12 étant la moitié d'un pied, le produit par 46 sera la moitié de celui que nous avons obtenu pour 1 pied, ou la moitié de 7 $^T$. 4$^{Pi}$. Nous dirons donc : La moitié de 7 $^T$ est de 3 $^T$ pour 6 $^T$; il reste 1 toise et 4 pieds, ou 10$^{Pi}$ dont la moitié est 5 pieds; puis 2/12 étant le tiers de 6/12, nous prendrons le tiers du produit que nous venons d'obtenir ou de 3 $^T$. 5$^{Pi}$, en disant : Le tiers de 3 $^T$ est 1 $^T$; le tiers de 5$^{Pi}$ est 1$^{Pi}$ pour 3$^{Pi}$, il reste 2$^{Pi}$ ou 24$^{po}$ dont le tiers est 8$^{po}$. Le produit de 2 pouces ou de 2/12 de pied par 46 sera donc 1 $^T$. 1$^{Pi}$. 8$^{po}$. Il reste à trouver le produit de 6 $^{li}$ par 46; pour cela nous remarquerons que le dernier multiplicande employé était 2$^{po}$ ou 24 $^{li}$; et 6 $^{li}$ en étant le quart, le produit demandé sera le quart du dernier produit obtenu. Nous dirons : Le quart de 1 toise ne peut s'exprimer en toises; en évaluant ce nombre en pieds et l'ajoutant à 1 pied, que nous avons encore au produit, nous aurons 7$^{Pi}$, dont le quart est 1 $^{Pi}$, et il restera 3$^{Pi}$ ou 36$^{po}$ qui, joints à 8$^{po}$, que nous avons encore, donnent 44$^{po}$, dont le quart est 11$^{po}$. En sorte que le produit cherché sera 0 $^T$. 1 $^{Pi}$. 11$^{po}$; réunissant tous ces résultats, nous trouverons pour le produit total 1324 $^T$. 0$^{Pi}$. 7$^{po}$. Voici le détail de l'opération :

```
                    28 T.   4 Pi.   8 po.   6 li.
                    46
                    ─────────────────────────────
                             ⎧ 168 T.
produit de 28 T. par 46. ⎨ 112
46 fois   ⎧ 46 fois 3 pi.  . 23  .  .  .  .  .  .  . la moitié de 46 fois 1 toise.
4 pieds   ⎨ 46 fois 1 pi.  .  7  . 4 Pi. .  .  .  . le tiers de 46 fois 3 pieds.
46 fois   ⎧ 46 fois 6 po.  .  3  . 5  .  .  .  .  . la moitié de 46 fois 1 pied.
8 pouces  ⎨ 46 fois 2 po.  .  1  . 1  . 8 po. .  . le tiers de 46 fois 6 pouces.
46 fois 6 lignes  .  .  .  .  0  . 1  . 11 .  .  . le quart de 46 fois 2 pouces.
                    ─────────────────────────────
                    1324 T.  0 Pi.  7 po.
```

**299.** — En résumant ce que nous venons de dire, on voit que « pour multiplier un nombre complexe par un nombre « incomplexe, il faut multiplier d'abord les unités princi- « pales et ensuite les unités de chaque sous-espèce par le « multiplicateur ; et pour faire ces dernières multiplica-

« tions on partage le nombre d'unités de chaque sous-
« espèce en parties qui soient des diviseurs exacts (ce que
« l'on appelle des *parties aliquotes*) de l'unité principale
« et les unes des autres, et l'on prend des parties semblables
« sur le produit d'une unité principale par le multiplica-
« teur ou sur les produits obtenus précédemment. »

500. — Si le multiplicateur était complexe, il ne le serait
qu'en apparence, puisqu'il est essentiellement abstrait, et
qu'un nombre abstrait ne peut être complexe (*). « Il faut
« donc considérer les unités de sous-espèce comme des
« fractions ou comme des fractions de fractions de l'unité
« principale regardée comme abstraite, et on opérera comme
« pour la multiplication par un nombre fractionnaire et
« d'après le procédé que nous venons d'appliquer au cas
« précédent. » Si, par exemple, on donnait le prix d'une
livre d'une certaine marchandise, et que l'on demandât ce
que coûteraient 27 $^L$ 10$^{on}$ 6 $^G$, il est clair qu'il faudrait chercher le prix de 27 $^L$, celui de 10$^{on}$, celui de 6 $^G$ et ajouter
les trois résultats. Pour avoir le prix de 27 $^L$, nous répéterons
27 fois le multiplicande qui est le prix de 1 livre, en le multipliant par 27. Pour avoir le prix de 10$^{on}$ ou 10/16 de livre,
nous les partagerons en 8$^{on}$ et 2$^{on}$; 8$^{on}$ ou 8/16 étant la
moitié d'une livre, coûteront la moitié du prix de 1 livre,
c'est-à-dire la moitié du multiplicande; ensuite 2$^{on}$ étant le
quart de 8$^{on}$, nous en aurons le prix en prenant le quart du
résultat précédent qui est le prix de 8$^{on}$. Pour avoir le prix
de 6 $^G$, nous les partagerons en 4 $^G$ et 2 $^G$; puis 4 $^G$ étant le
quart de 2$^{on}$, qui valent 16 $^G$, coûteront le quart du prix de

---

(*) D'après ce qui a été dit (213), on ne considère dans le multiplicateur
que la manière dont il a été formé avec l'unité, et nullement la nature de
cette unité ; il devient donc réellement abstrait. Dans les deux exemples
donnés ci-dessous, le multiplicateur est 27$^L$. 10$^{on}$. 6$^G$.; il s'agit donc de
former un nombre en opérant sur le multiplicande comme on a opéré
sur l'unité pour former 27 $^L$. 10$^{on}$. 6 $^G$. Or, pour cela on a répété 27 fois
l'unité qui est ici la livre ; puis on a pris les 10/16 de l'unité, puis les 6/8
de 1/16 d'unité, et l'on a réuni le tout ensemble : il faut donc, pour former le produit, répéter 27 fois le multiplicande, en prendre les 10/16,
puis prendre les 6/8 de 1/16 et ajouter les résultats ; c'est ainsi que nous
avons opéré.

2$^{on}$ que nous avons dans le résultat précédent; par conséquent, nous l'obtiendrons en prenant le quart de ce résultat; enfin 2$^G$ étant la moitié de 4$^G$, nous en aurons le prix
en prenant la moitié du dernier résultat qui exprime le prix
de 4$^G$. Nous n'aurons plus alors qu'à ajouter tous ces résultats pour avoir le produit cherché. Voici deux applications
de ce raisonnement; dans la première le multiplicande est
incomplexe, dans la seconde il est complexe. Nous supposerons d'abord que le prix d'une livre soit 38$^d$, et ensuite
qu'il soit 38$^d$. 4$^s$. 6$^d$.

```
                              38 fl.
                              27 liv. 10 on. 6 G.
                              ________________________________
Prix de 27 liv.          {    266 fl.  . . . . .  }  produit de 38 fl. par 27.
                              76         . . . . .
Prix de 10 on.  { Prix de 8 on.  . .  19 fl.  . . . . .  la moitié de 38 fl. prix de 1 livre.
                { Prix de 2 on.  . .   4    15 s.  . .  le quart du prix de 8 onces.
Prix de 6 G.    { Prix de 4 G.  . .    1     3     9 d.  le quart du prix de 2 onces.
                { Prix de 2 G.  . .    0    12    10 1/2 . la moitié du prix de 4 G.
                              ________________________________
                              1051 fl.   40 s.   7 d. 1/2
```

```
                              38 fl.  14 s.  6 d.
                              27 liv. 10 on. 6 G.
                              ________________________________
                { Produit de 38 fl. par 27 {  266 fl.
                {                              76
Prix de 27 liv. { Produit de 10 s. par 27    13   10 s.      la moitié de 27 fl. produit de 1 fl. par 27.
                { Produit de 4 s. par 27      5    8          le 5e de 27 produit de 1 fl. par 27.
                { Produit de 6 d. par 27      0    13     6 d. le 8e du produit de 4 s. ou 48 d.
Prix de 10 on.  { Prix de 8 on.  . . .       19    7     3    la moitié des 38 fl. 4 s. 6 d. prix de 1 livr.
                { Prix de 2 on.  . .   .      4    16     9   3/4  8  24/32 le quart du prix de 8 on.
Prix de 6 G.    { Prix de 4 G. . . .   .      1    4      2   7/16 2  14f.  le quart du prix de 2 on.
                { Prix de 2 G.  .  .   .      0    12     1   7/32 1   7f..  la moitié du prix de 4 G.
                              ________________________________
                   1071 fl. 11 s. 10 d. 13/32 . . . . . 45     |  32
                                          13/32               |  ————
                                                               |  1
```

## § X. *Division des nombres complexes.*

301. — La division des nombres complexes a pour objet
de déterminer l'un des facteurs d'un produit donné quand
on connaît l'autre facteur. Nous la partagerons en deux cas :
1° lorsque le diviseur est le multiplicateur (87), et alors le
quotient est de même nature que le dividende (62); 2° lorsque le diviseur est le multiplicande (87), et alors le quotient est abstrait (63); mais il peut devenir concret par la
nature de la question.

302. — 1er cas. Lorsque le diviseur est le multiplicateur, ce qui arrive quand il est d'une autre nature que le dividende, il peut être complexe ou incomplexe. S'il est incomplexe, on le regarde comme un nombre abstrait, et on effectue la division d'après les principes de la division des nombres fractionnaires, lorsque le diviseur est un nombre entier (269 et 270). Ainsi : « On divisera d'abord les unités prin-« cipales du dividende par le diviseur, ce qui donnera les « unités principales du quotient; on réduira le reste en « unités de la première sous-espèce, on ajoutera les unités « de cette même sous-espèce contenues dans le dividende, « et on divisera la somme par le diviseur, ce qui donnera « les unités de 1ʳᵉ sous-espèce du quotient. On réduira le « reste en unités de l'espèce suivante, on ajoutera les unités « de cette espèce qui se trouvent au dividende, et on divi-« sera par le diviseur, ce qui donnera les unités de même « espèce du quotient; on continuera ainsi jusqu'à ce que « l'on soit parvenu aux unités de la plus basse espèce. » Le raisonnement est exactement le même que dans les nᵒˢ (269 et 270). En voici un exemple :

$$486\ ^{\text{T}}.\ 4^{\text{pi}}.\ 6^{\text{po}} \ \big|\ 28$$
$$\overline{\phantom{xxxxxxxxxx}}\ \Big|\ \overline{17\ ^{\text{T}}.\ 2^{\text{pi}}.\ 3^{\text{po}}.\ 7^{\text{lig}}\ 5/7.}$$

|                          |        |
|--------------------------|--------|
|                          | 206    |
| reste des toises . .     | 10     |
|                          | 6^{pi} |
| valeur en pieds . .      | 60^{pi} |
| pieds du dividende .     | 4      |
| somme . . . .            | 64^{pi} |
| reste des pieds . .      | 8      |
|                          | 12^{po} |
| valeur en pouces. .      | 96^{po} |
| pouces du dividende.     | 6      |
| somme . . . .            | 102^{po} |
| reste des pouces. .      | 18     |
|                          | 12^{lig} |
| valeur en lignes . .     | 216^{lig} |
|                          | 20/28....5/7 |

305. — Lorsque le diviseur est complexe, comme il doit dans l'opération être un nombre abstrait, « il faut expri-
« mer les unités de sous-espèce en fraction de l'unité prin-
« cipale (291), et multiplier le dividende et le diviseur par
« le dénominateur de cette fraction, ce qui ramène l'opé-
« ration au cas précédent (302). » Si, par exemple, on demandait le prix de la livre d'une marchandise dont 16 $^L$. 15$^{on}$ 4$^G$ ont coûté 254$^d$ 17$^s$ 8$^d$; 15$^{on}$ 4$^G$ valent 108/128 de livre ou 27/32; il s'agit donc de diviser 254$^d$ 17$^s$ 8$^d$ par le nombre abstrait 16 27/32; et pour cela faire nous allons multiplier les deux nombres par 32 et nous diviserons les deux produits l'un par l'autre (302). Voici le détail du calcul :

| | | | |
|---|---|---|---|
| 254$^d$ 17$^s$ 8$^d$ | 16 27/32 | 8156$^d$ 5$^s$ 4$^d$ | 539 |
| 32 | 32 | 2766 | |
| 508$^d$ | 32 | 71 | 15$^d$ 2$^s$ 7$^d$ 395/539 |
| 762 | 48 | 20$^s$ | |
| 16 | 27 | 1420$^s$ | |
| 8 | 539 | 5 | |
| 5 4$^s$ | | 1425$^s$ | |
| 1 1 4$^d$ | | 547 | |
| 8156 5$^s$ 4$^d$ | | 12$^d$ | |
| | | 4164$^d$ | |
| | | 4 | |
| | | 4168$^d$ | |
| | | 395 | |

304. — 2$^{me}$ CAS. Lorsque le diviseur est le multiplicande, auquel cas il est de même nature que le dividende, l'opé-ration a alors pour objet de trouver par quel nombre abstrait il faut multiplier le diviseur pour obtenir le dividende (63). Mais ce nombre peut être celui d'un nombre d'unités con-crètes que l'on cherche à déterminer. Pour faire la division dans ce cas, « il faut exprimer le dividende et le diviseur
« en unités de la plus basse espèce qui se trouve dans les
« deux (291); puis on divise les deux résultats l'un par

« l'autre, en regardant celui qui provient du dividende
« comme exprimant des unités de la nature de celles que
« l'on cherche au quotient (302). » Supposons en effet que
l'on demande combien on ferait faire de toises, pieds, etc...
d'un ouvrage pour $612^f\,15^s\,10^d$, la toise coûtant $12^f\,16^s\,8^d$.
Il est évident que le nombre de toises cherché sera égal au
nombre abstrait par lequel il faut multiplier le prix d'une
toise pour obtenir la somme proposée. Pour trouver ce
nombre, exprimons les deux nombres donnés en deniers
(289), nous aurons $5080^d$ et $147070^d$; alors l'expression
fractionnaire abstraite $147070/5080$ sera le nombre par
lequel il faut multiplier 5080 deniers, ou $12^f\,16^s\,8^d$, pour
obtenir 147070 deniers, ou $612^f\,15^s\,10^d$ (215). Or, ce
nombre est aussi le nombre de toises que nous cherchons,
donc ce dernier sera $147070/5080$ de toise ou $147070^T/5080$.
Nous sommes donc amenés à diviser $147070^T$ par 5080
pour extraire les unités entières; quant à la fraction que
nous trouverons, nous l'évaluerons en pieds, pouces, etc...,
suivant la méthode indiquée (292), ce qui ramène l'opération au $1^{er}$ cas (502). Voici tous les détails du calcul :

| $612^f\,15^s\,10^d$ | $12^f\,16^s\,8^d$ | $147070^T$ | $5080....(104)$ |
|---|---|---|---|
| $20^s$ | $20^s$ | $14707$ | $508$ |
| $12240^s$ | $240^s$ | $2587$ | $47^T\,4^{pi}\,6^{po}$ |
| $15$ | $16$ | $251$ | |
| $12255^s$ | $256^s$ | $6^{pi}$ | |
| $12^d$ | $12^d$ | $1386^{pi}$ | |
| $147060^d$ | $5072^d$ | $154$ | |
| $10$ | $8$ | $12^{po}$ | |
| $147070^d$ | $5080^d$ | $1848^{po}$ | |

FIN.

# TABLE DES MATIÈRES.

## PREMIÈRE PARTIE.



## DEUXIÈME PARTIE.

[illegible]

# AVIS.

Un dépôt de nos ouvrages est établi, de commun accord avec le Gouvernement, dans les communes de plus de 2,000 âmes. Il sera accordé un dépôt (pour les communes où il n'en existerait pas encore) aux personnes qui nous en adresseront la demande appuyée d'un avis favorable de l'administration communale.

Les commandes seront expédiées *franco* dans les vingt-quatre heures. Le mode de paiement le plus avantageux pour nos correspondants, est de verser l'argent au bureau des postes contre un mandat payable à Bruxelles, au nom de *H. Tarlier.*

Nous nous chargeons de fournir, aux conditions les plus favorables, tous les livres en usages dans les établissements d'instruction publique.

H. TARLIER,

rédacteur de l'*Almanach royal officiel.*

---

*On se procure chez même éditeur :*

CATALOGUE N° 1. LIVRES DES ÉCOLES,

CATALOGUE N° 2. OUVRAGES D'ADMINISTRATION (publications officielles).

CATALOGUE N° 3. COLLECTION DES MEILLEURS AUTEURS FRANÇAIS (poëtes et prosateurs), 120 vol. format in-32. (Éditions Laurent.)